低压电工
入门考证视频教程

曹振华 主编 池 骋 袁艳霞 副主编

化学工业出版社

·北京·

内 容 简 介

本书紧密结合低压电工作业要求与相关标准，采用彩色图解配合视频的形式，全面讲解了低压电工工作应知应会的基础知识与上岗考证的各项实用操作技能。书中既包含低压电工日常工作需要掌握的电工基础、电料选择、低压电器安装与维护、照明配电与电路识读、电动机与变压器相关知识与检修技能，也清晰解析了低压电工考证的难点、重点，帮助读者学习低压电工时快速入门，顺利取证上岗。

本书可供电工、电气技术人员以及电气维修人员阅读，也可供相关专业院校师生参考。

图书在版编目（CIP）数据

低压电工入门考证视频教程/曹振华主编．—北京：化学工业出版社，2022.2

ISBN 978-7-122-40448-0

Ⅰ．①低…　Ⅱ．①曹…　Ⅲ．①低电压-电工技术

Ⅳ．①TM

中国版本图书馆CIP数据核字（2022）第008453号

责任编辑：刘丽宏　　　　　　　　　　　文字编辑：宫丹丹　袁　宁
责任校对：宋　夏　　　　　　　　　　　装帧设计：刘丽华

出版发行：化学工业出版社（北京市东城区青年湖南街 13 号　邮政编码 100011）
印　　刷：北京云浩印刷有限责任公司
装　　订：三河市振勇印装有限公司
710mm×1000mm　1/16　印张 13½　字数 277 千字　2023 年 1 月北京第 1 版第 1 次印刷

购书咨询：010-64518888　　　　　　　　售后服务：010-64518899
网　　址：http://www.cip.com.cn
凡购买本书，如有缺损质量问题，本社销售中心负责调换。

定　　价：69.80元　　　　　　　　　　　　　　　版权所有　违者必究

低压电工作业是指对 1kV 以下的低压电气设备进行安装、调试、运行操作、维护、检修、改造施工和试验的作业。随着生产和生活中用电量的不断加大，低压电工的工作显得越来越重要。而掌握低压电工操作技能、取得低压电工操作证是上岗从事低压电工作业必不可少的。为此，笔者从实际出发，本着易懂、易学、实用、够用的原则编写了本书，引导读者轻松掌握低压电工入门考证必备的知识与技能。

本书从电工初学者角度出发，结合低压电工上岗考证的相关标准与要求，全面介绍了低压电工实际工作与考证相关的各项基础知识和操作技能。

全书内容具有如下特点：

用图说话，配套视频讲解，简明实用：低压电工常用电器、电路、接线、安装、维修用彩图注解形式直观呈现，操作性内容读者可以扫描书中二维码观看视频学习，帮助读者快速入门，轻松掌握低压电工技能。

内容全面，通俗易懂：既包含低压电工日常工作需要掌握的电工基础、电料选择、电器维护、照明配电与电路识读、电动机与变压器安装与检修，也清晰解析了低压电工操作考证的难点、重点，帮助读者全面提升技能，轻松上岗。

电工证考试精选试题随时练：附赠详细的答案解析，帮助读者顺利考证。

本书由曹振华担任主编，池骋、袁艳霞担任副主编，参加编写的还有王桂英、孔凡桂、张校铭、焦凤敏、张胤涵、张振文、蔺书兰、赵书芬、曹祥、孔祥涛、张伯龙、张书敏等，全书由张伯虎统稿。

由于编者水平所限，书中不足之处难免，恳请广大读者批评指正（欢迎关注下方二维码咨询交流）。

编者

目　　录

第一章
低压电工基础

001

第一节　低压电工安全必知	001
第二节　电路与识图基础	002
一、电路	002
二、电气常用图形符号和文字符号	003
三、电气图的基本表示方法	008
第三节　常用电工仪表的使用	013
一、数字万用表	013
二、钳形电流表	019
三、兆欧表	022
四、接地电阻测量仪	027
第四节　常用电工材料	030

第二章
常用低压电器的选用、安装与检测

031

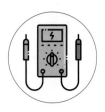

视频页码

1, 3, 6, 8,
13, 19, 30,
31, 32, 38,
45, 48

第一节　熔断器	031
一、RT18或RT28系列熔断器	031
二、RT36型熔断器	033
三、螺旋式熔断器	034
四、跌落式熔断器	034
五、熔断器的选择原则	036
第二节　按钮开关	037
一、按钮开关的结构	037
二、按钮开关的检测	038
三、自锁式控制按钮	038
四、自复位控制按钮	039
第三节　交流接触器	040
一、交流接触器的工作原理	040
二、常用交流接触器的外形与结构	041
三、常用交流接触器的选用原则	043
四、交流接触器的检查	044
五、交流接触器220V线圈工作电压接线	044
六、CJX2交流接触器380V线圈工作电压接线	046
第四节　热继电器	047
一、常用热继电器	047
二、热继电器、交流接触器和按钮开关电路接线	048
第五节　中间继电器	049
一、中间继电器的外形与结构	049

二、中间继电器接线　051
三、中间继电器的日常检查方法　052
四、中间继电器常开-常闭触点在设备启动中接线　053
第六节　时间继电器　054
一、时间继电器的结构与组成　054
二、电子式时间继电器的工作原理　056
三、时间继电器的选用　056
四、如何区分通电延时和断电延时时间继电器图形符号　056
五、时间继电器的接线　058
第七节　断相和相序综合保护器　061
一、常用断相和相序综合保护器　061
二、断相和相序综合保护器的工作原理　062
三、断相和相序综合保护器XJ3接线　064
第八节　常用开关类低压电器断路器　067
一、常用开关类低压电器断路器的结构　067
二、低压断路器1P/2P/3P/4P分类　068
三、断路器单极(1P)、双极(2P)、三极(3P)、四极(4P)
　安装和使用中的区别　069
四、家装断路器的选择　069
五、断路器断开后合不上的原因分析　070
六、断路器1P+N、2P、3P+N、4P实物对照接线　072
七、低压断路器分级控制实物接线　073
第九节　刀开关　074
一、常用刀开关　074
二、隔离开关与断路器实物接线　075
第十节　组合开关与万能转换开关　076
一、HZ系列组合开关　076
二、组合开关的选用　076
三、万能转换开关　077
四、万能转换开关及接线　078
五、配电柜万能转换开关测量三相相电压接线　079
第十一节　行程开关　080
一、常用行程开关　080
二、行程开关的动作原理　081
三、行程开关接线　081

视频页码

52, 55,
58, 74, 80

第十二节　电源指示灯 　　　　083

一、常用电源指示灯 　　　　083

二、配电箱电源指示和设备运行指示灯接线 　　　　084

三、配电柜三相电源指示灯接线方法 　　　　085

第十三节　接近开关 　　　　085

一、常用接近开关 　　　　085

二、电感式接近开关工作原理 　　　　086

三、电容式接近开关工作原理 　　　　087

四、光电接近开关工作原理 　　　　088

五、常开型接近开关和常闭型接近开关的区别 　　　　088

六、接近开关安装中埋入式和非埋入式的区别 　　　　089

七、常用接近开关NPN型和PNP型的区别 　　　　090

八、德力西电感式接近开关CDJ10接线 　　　　090

九、沪工LJC18A3-B-Z/AY电容式接近开关接线 　　　　091

十、E3FA-TN11对射式光电开关接线 　　　　092

十一、交流两线电感式接近开关实物接线 　　　　093

第三章
常用计量仪器接线及应用

095

第一节　电压表和电流表 　　　　095

一、电压表 　　　　095

二、电流表 　　　　096

三、电压表接线 　　　　096

四、电流表接线 　　　　097

五、指针式电压表和电流表联合接线 　　　　098

第二节　电压互感器和电流互感器 　　　　099

一、电压互感器的工作原理 　　　　099

二、电流互感器的工作原理 　　　　100

三、实际接线中电流互感器的选择 　　　　102

四、电流互感器一匝、二匝、三匝接线方法 　　　　103

五、电流互感器与电流表实物接线 　　　　103

六、常用配电柜的电流互感器与电流表和电压表联合实物接线 　　　　104

第三节　电能表 　　　　106

一、单相电能表与漏电保护器的接线 　　　　106

二、三相四线制交流电能表的接线电路 　　　　107

三、三相三线制交流电能表的接线电路 　　　　108

四、互感器与电能表联合接线 　　　　109

五、插卡式单相电能表接线 　　　　111

六、GPRS预付费物业抄表远程智能电能表接线 　　　　111

七、三相四线多功能电能表接线 　　　　112

第一节　插座和面板开关接线　117
一、家装五孔插座接线方法　117
二、单开单控面板开关控制一盏灯接线　119
三、两开单控面板开关控制两盏灯接线　119
四、单开双控面板开关控制一盏灯接线　120
五、两开双控面板开关从两地控制两盏灯接线　121
六、单开五孔插座上的开关控制插座接线　122
七、单开五孔插座面板开关控制一盏灯接线　124
八、家装面板开关和插座安装基本要求　124
九、家装五孔插座的安装步骤　125

第二节　红外和人体感应开关接线　127
一、螺口声光控面板开关接线　127
二、暗装86型二线制声光控延时开关接线　128
三、暗装86型三线制声光控延时开关接线　129
四、三线制人体感应开关控制室内照明灯接线　129
五、二线制人体感应开关接一盏灯的接线　130

第三节　常用插头和灯具接线　131
一、两脚插头的安装　131
二、三脚插头的安装　132
三、LED灯接线　132
四、高压汞灯接线　134
五、高压钠灯的安装接线　135
六、碘钨灯的安装接线　135

第四节　常用配电线路接线　136
一、吸顶式灯具的安装　136
二、嵌入式灯具的安装　138
三、楼房装修按照房间配电接线　139
四、楼房装修按照用途配电接线　141

第五节　电气配电线路的安装与接线　144
一、两根硬铜线对接方法　144
二、单股铜导线直接连接　145
三、家装面板插座三根线并线接法　146
四、二根软线支路和干路T形接线　148
五、两芯护套线错位对接方法　149
六、软铜线和单芯硬铜线接线　150
七、两根软线旋转对接接线　151
八、多股软铜线对接　152
九、多芯硬铜线的T形接线　153

第四章
常用照明电路及接线
117

视频页码
121, 123,
126, 128,
129, 130,
133, 139,
141, 145,
146, 147

十、导线液压压接钳接线方法 154

十一、家装布线 156

第一节 常用低压变压器 165

一、变压器的用途和种类 165

二、变压器的工作原理 166

三、电力变压器的结构 166

四、电力变压器的型号与铭牌 167

五、三相变压器 171

六、自耦变压器 173

七、多绕组变压器 173

八、电焊变压器 174

第二节 常用低压电动机 176

一、直流电动机常见故障及检查 176

二、三相交流异步电动机检修 182

第一节 电动机控制电路 187

一、三相电动机点动启动控制电路 187

二、自锁式直接启动控制电路 189

三、带保护电路的直接启动自锁运行控制电路 190

四、单相电容运行控制电路 193

五、自耦变压器降压启动自动控制电路 193

六、三个交流接触器控制 Y-△降压启动电路 196

七、三相电机正反转点动控制电路 197

八、洗衣机类单相电容运行式正反转电路 200

第二节 综合电路接线 201

一、浮球液位开关供水系统接线 201

二、工厂企业气泵电路接线 204

附录一 电工作业证考试精选试题与答案解析 207

附录二 电工作业操作证复审精选试题与答案解析 207

附录三 电工职业资格证精选试题与答案解析 207

参考文献 208

第五章
常用低压变压器与电动机

165

第六章
电工考证实操常用电路与接线

187

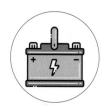

视频页码

156, 158, 164, 173, 176, 186, 188, 189, 194, 196, 198, 201, 205, 207

附录
电工证考试精选试题与答案解析

207

Chapter 1

第一章

低压电工基础

第一节　**低压电工安全必知**

　　电力安全生产不仅关系到电力系统自身的稳定、效益和发展，而且直接影响广大电力用户的利益和安全，影响国民经济的健康发展、社会秩序的稳定和人民日常生产和生活。国民经济的迅速发展、社会的不断进步和人民生活水平的日益提高，不仅对电力行业提出了相应的发展要求，而且对电力安全生产也提出了更高的要求。

　　为了便于读者学习，将低压电工应知、应会的安全知识做成了电子版，读者可以通过扫描二维码下载学习。

电工人员　　　电气安全　　　电气保护接
安全须知　　　管理　　　　　地与接零

电气火灾的扑　灭火器与消　　触电急救
灭与安全要求　防栓的使用

第二节 电路与识图基础

一、电路

在电能的实际应用中，从最简单的手电筒的工作到复杂的电子计算机的运算，都是由电路来完成的。

1. 电路的组成及电路元件的作用

电路就是电流所流经的路径，它由电路元件组成。当合上电动机的刀闸开关时，电动机立即就转动起来，这是因为电动机通过导线经开关与电源接成了电流的通路，并将电能转换为机械能。电动机、电源等叫作电路元件，电路元件大体可分为四类：

（1）电源 即发电设备，其作用是将其他形式的能量转换为电能。如电池是将化学能转换为电能，而发电机是将机械能转换为电能。

（2）负载 即用电设备，它的作用是把电能转换为其他形式的能。如电炉是将电能转换为热能，电动机则是把电能转换为机械能。

（3）控制电器和保护电器 在电路中起控制和保护作用。如开关、熔断器、接触器等。

（4）导线 由导体材料制成，其作用就是把电源、负载和控制电器、保护电器连接成一个电路，并将电源的电能传输给负载。

由此可见，电路的作用是产生、分配、传输和使用电能。图 1-21 所示就是一个最简单的电路。

图 1-21 简单电路

2. 电路图

在实际工作中，为便于分析和研究电路，通常将电路的实际元件用图形符号表示在电路图中，称为电路原理图，也叫电路图。图 1-22 所示就是图 1-21 的电路原理图。

在电路中，只有两个端点与电路其他部分相连的无分支电路叫作支路。在图 1-23 中共有 3 条支路。通常将 3 条支路以上的连接点称为节点。如图 1-23 中的 A 点和 B 点即为节点。在电路中由支路组成的任一闭合路径叫作回路，图 1-23 中共有 3 个回路。

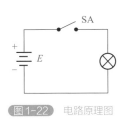

图 1-22　电路原理图

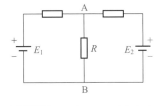

图 1-23　具有三个回路的电路

二、电气常用图形符号和文字符号

电气常用文字符号及图形符号见表 1-2。

电气图形符号
的构成与使用
规则

表 1-2　电气常用文字符号及图形符号对照表

编号	名称	图形符号	文字符号
1	直流	——— 或 ═══	
	交流		
	交直流		
2	导线的连接		
	导线的多线连接	或	
	导线的不连接		
3	接地的一般符号		
4	电阻的一般符号	优选形 其他形	R
5	电容器一般符号	优选形　其他形	C
	极性电容器	优选形　其他形	
6	半导体二极管		VD

续表

编号	名称	图形符号	文字符号
7	熔断器		FU
8	换向绕组	B_1 B_2	
	补偿绕组	C_1 C_2	
	串励绕组	D_1 D_2	
	并励或他励绕组	E_1 并励 E_2 F_1 他励 F_2	
	电枢绕组		
9	发电机	G	G
	直流发电机	G	GD
	交流发电机	G	GA
10	电动机	M	M
	直流电动机	M	MD
	交流电动机	M	MA
	三相笼型异步电动机	M 3~	M
	三相绕线型异步电动机	M 3~	M
11	串励直流电动机	M	
	他励直流电动机	M	
	并励直流电动机	M	MD
	复励直流电动机	M	
12	单相变压器		T
	控制电路电源用变压器	或	TC
	照明变压器		T
	整流变压器		
	三相自耦变压器		T

续表

编号	名称	图形符号	文字符号
13	单极开关	或	QS
	三极开关		
	刀开关		
	组合开关		
	手动三极开关一般符号		
	三极隔离开关		
	行程开关		
14	动合触点		SQ
	动断触点		
	双向机械操作		
	按钮		
15	带动合触点的按钮		SB
	带动断触点的按钮		
	带动合和动断触点的按钮		

续表

编号	名称	图形符号	文字符号
	接触器		
16	线圈		KM
	动合（常开）触点		
	动断（常闭）触点		
	继电器		
17	动合（常开）触点		符号同操作元件
	动断（常闭）触点		
	延时闭合的动合触点	或	KT
	延时断开的动合触点	或	
	延时闭合的动断触点	或	
	延时断开的动断触点	或	
	延时闭合和延时断开的动合触点		
	延时闭合和延时断开的动断触点		

识别继电器
触点符号

区分通电延时
与断电延时

续表

编号	名称	图形符号	文字符号
18	时间继电器线圈 （一般符号）		KT
	中间继电器线圈	或	KA
	欠电压继电器线圈	U<	KV
	过电流继电器线圈	I>	KI
19	热继电器热元件		FR
	热继电器的常闭触点		
20	电磁铁		YA
	电磁吸盘		YH
	接插器件		X
	照明灯		EL
	信号灯		HL
	电抗器	或	L
限定符号			
21	⊸── 接触器功能 ∖── 位置开关功能		─── 隔离开关功能 ⊸── 负荷开关功能
操作件和操作方法			
22	├-- ─── 一般情况下的手动操作 └-- ─── 旋转操作 └-- ─── 推动操作		

三、电气图的基本表示方法

电气图的绘制原则

1. 电气元件表示方法

（1）电气元件的表示方法　同一个电气设备及元件在不同的电气图中往往采用不同的图形符号来表示。比如，对于概略图和位置图，往往用方框符号或简单的一般符号来表示；对于电路图和部分接线图，常采用一般图形符号来表示；对于驱动和被驱动部分间具有机械连接关系的电气元件，如继电器、接触器的线圈和触头，以及同一个设备的多个电气元件，可采用集中表示法、半集中表示法、分开表示法来表示。

集中表示法是把电气元件、设备或成套装置中一个项目各组成部分的图形符号在电气图上集中绘制在一起的方法，各组成部分用机械连接线（虚线）连接，连接线必须是一条直线。

一般为了使电路布局清晰，便于识别，通常将一个项目的某些部分的图形符号分开布置，并用机械连接符号表示它们之间的关系，这种方法称为半集中表示法。

有时为了使设备和装置的电路布局更清晰，便于识别，把一个项目图形符号的各部分分开布置，并采用项目代号表示它们之间的关系，这种方法称为分开表示法。

图 1-24 所示为这三种表示方法的示例，其中接触器 KM 的线圈和触头分别集中表示［如图 1-24（a）所示］、半集中表示［如图 1-24（b）所示］和分开表示［如图 1-24（c）所示］。采用分开表示法的图与采用集中或半集中表示法的图给出的内容要相符，这是最基本的原则。

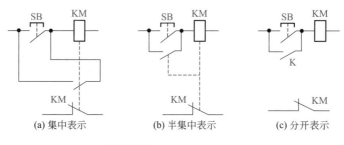

(a) 集中表示　　　　　(b) 半集中表示　　　　　(c) 分开表示

图1-24　设备和元件的表示

因为采用分开表示法的电气图省去了项目各组成部分的机械连接线，所以造成查找某个元件的相关部分比较困难。为识别元件各组成部分或寻找它们在图中的位置，除了要重复标注项目代号外，还需要采用引入插图或表格等方法来表示电气元件各部分的位置。

（2）电气元件工作状态的表示方法　在图中均需按自然状态表示。所谓"自然状态"是指电气元件或设备的可动部分处于未得电、未受外力或不工作的状态或位置。如：

❶ 接触器和电磁铁的线圈未得电时，铁芯未被吸合，因而其触头处于尚未动作

的位置。

❷ 断路器和隔离开关处在断开位置。

❸ 零位操作的手动控制开关在零位状态，不带零位的手动控制开关在图中规定的位置。

❹ 机械操作开关、按钮处在非工作状态或不受力状态时的位置。

❺ 保护用电器处在设备正常工作状态时的位置，如热继电器处在双金属片未受热而未脱扣时的位置。

💡 **平时我们看电路图的重点：**

平时看到的电路图的"自然状态"是指：电气元件或设备的可动部分处于未得电、未受外力或不工作的状态或位置。

（3）电气元件触头位置的表示方法

❶ 对于继电器、接触器、开关、按钮等元件的触头，其触头符号通常规定为"左开右闭、下开上闭"，即当触头符号垂直布置时，动触头在静触头左侧为动合（常开）触头，而在右侧为动断（常闭）触头；当触头符号水平布置时，动触头在静触头下侧为动合（常开）触头，而在上侧为动断（常闭）触头。

❷ 万能转换开关、控制器等人工操作的触头符号一般用图形、操作符号以及触头闭合表来表示。例如，5 个位置的控制器或操作开关可用图 1-25 所示的图形表示。以"0"代表操作手柄在中间位置，两侧的罗马数字表示操作位置数，在该数字上方可标注文字符号来表示向前、向后、自动、手动等操作，短横表示手柄操作触头开闭位置线，有黑点"·"者表示手柄转向此位置时触头接通，无黑点者表示触头不接通。复杂开关需另用触头闭合表来表示。一个以上的触头分别接于多个电路中，可以在触头符号上加注触头的线路号或触头号。一个开关的各个触头允许不画在一起。可用表 1-3 所示的触头闭合表来表示。

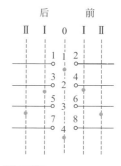

图1-25　多位置控制器或操作开关的表示方法

表1-3　触头闭合表

触头	向后位置		中间位置	向前位置	
	2	1	0	1	2
1-2	−	−	+	−	−
3-4	−	+	−	+	−
5-6	+	−	−	−	+
7-8	−	−	+	−	−

（4）电气元件技术数据及标志的表示方法

❶ 电气元件技术数据的表示方法：电气元件的技术数据一般标在其图形符号附近。当连接线为水平布置时，尽可能标注在图形符号的下方，如图1-26（a）所示；垂直布置时，标注在项目代号右方，如图1-26（b）所示。技术数据也可以标注在电机、仪表、集成电路等的方框符号或简化外形符号内，如图1-26（c）所示。

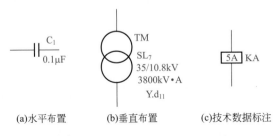

(a)水平布置　　　　(b)垂直布置　　　　(c)技术数据标注

图1-26　电气元件技术数据的表示方法

❷ 标志的表示方法：当电气元件的某些内容不便用图示形式表达清楚时，可采用标志方法放在需要说明的对象旁边。

2.连接线的一般表示方法

电气图上各种图形符号之间的相互连线，称为连接线。

（1）导线的一般表示方法

❶ 导线的一般表示符号：如图1-27（a）所示，可用于表示单根导线、导线组，也可以根据情况通过图线粗细、图形符号及文字、数字来区分各种不同的导线，如图1-27（b）所示的母线及如图1-27（c）所示的电缆等。

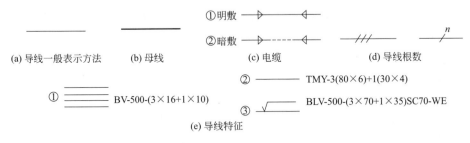

(a) 导线一般表示方法　　(b) 母线　　　　(c) 电缆　　　　(d) 导线根数

(e) 导线特征

图1-27　导线的一般表示方法及示例

❷ 导线根数的表示方法：如图1-27（d）所示，根数较少时，用斜线（45°）数量代表导线根数；根数较多时，用一根小短斜线旁加注数字表示。

❸ 导线特征的标注方法：如图1-27（e）所示，导线特征通常采用字母、数字符号标注。

（2）图线和粗细
主电路图、主接线图等采用粗实线；辅助电路图、二次接线图等则采用细实线。而母线通常要比粗实线宽2～3倍。

（3）导线连接点的表示
"T"形连接点可加实心圆点"."，也可不加实心圆点，如图 1-28（a）所示。对于"+"形连接点，则必须加实心圆点，如图 1-28（b）所示。

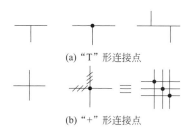

(a) "T" 形连接点

(b) "+" 形连接点

图 1-28 导线连接点的表示方法

（4）连接线的连续表示法和中断表示法

❶ 连接线的连续表示法：将表示导线的连接线用同一根图线首尾连通的方法。连接线一般用多线表示。当图线较多时，为便于识图，将多条去向相同的连接线用单线表示。

当多条线的连接顺序不必明确表示时，可采用如图 1-29（a）所示的单线表示法，但单线的两端仍用多线表示。当导线组的两端位置不同时，应标注相对应的文字符号，如图 1-29（b）所示。

当导线汇入用单线表示的一组平行连接线时，汇接处用斜线表示，其方向应易于识别连接线进入或离开汇总线的方向，如图 1-29（c）所示。当需要表示导线的根数时，可按图 1-29（d）所示来表示。

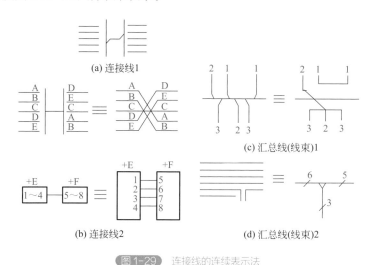

(a) 连接线1

(c) 汇总线(线束)1

(b) 连接线2

(d) 汇总线(线束)2

图 1-29 连接线的连续表示法

❷ 连接线的中断表示法：去向相同的导线组，在中断处的两端标以相应的文字符号或数字编号，如图 1-30（a）所示。两设备或电气元件之间的连接线，用文字符号及数字编号表示中断，如图 1-30（b）所示。连接线穿越图线较多的区域时，将连

接线中断，在中断处加相应的标记，如图1-30（c）所示。

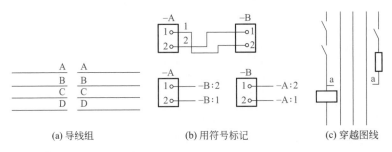

(a) 导线组　　　　(b) 用符号标记　　　　(c) 穿越图线

图 1-30　连接线的中断表示法

（5）连接线的多线、单线和混合表示法　按照电路图中图线的表达根数不同，连接线可分为多线、单线和混合表示法。

每根连接线各用一条图线表示的方法，叫做多线表示法，其中大多数是三线；两根或两根以上（大多数是表示三相系统的三根线）连接线用一条图线表示的方法，叫做单线表示法；在同一电路图中，单线和多线同时使用的方法，叫做混合表示法。

图1-31所示为三相笼型感应电动机Y-△降压启动电路的多线、单线、混合表示法的电气控制电路图。图1-31（a）所示为多线表示法，描述电路工作原理比较清楚，但图线太多显得乱；图1-31（b）所示为单线表示法，图面简单，但对某些部分（如△连接）的描述不够详细；图1-31（c）所示为混合表示法，兼有二者的优点，在复杂图形情况下被采用。

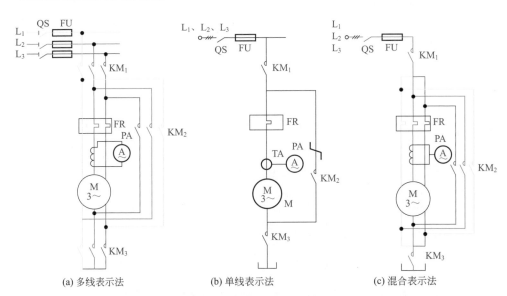

(a) 多线表示法　　　　(b) 单线表示法　　　　(c) 混合表示法

图 1-31　在电路中连接线的表示方法

QS—刀开关；FU—熔断器；KM_1、KM_2、KM_3—接触器；FR—热继电器；
TA—电流互感器；PA—电流表；M—电动机

第三节 常用电工仪表的使用

一、数字万用表

1. 数字万用表的结构

数字万用表，是一种多功能、多量程、便于携带的电子仪表。它可以用来测量直流电流、电压，交流电流、电压，电阻、电容容量和晶体管直流放大倍数等物理量。数字万用表是由表头（显示屏）、测量线路、转换开关（旋钮开关）以及测试表笔等部分组成。数字万用表结构面板标注如图 1-32 所示。

数字万用表的使用

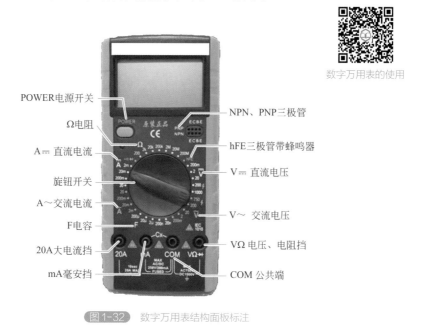

POWER电源开关
Ω电阻
A⎓ 直流电流
旋钮开关
A～交流电流
F电容
20A大电流挡
mA毫安挡

NPN、PNP三极管
hFE三极管带蜂鸣器
V⎓ 直流电压
V～ 交流电压
VΩ 电压、电阻挡
COM 公共端

图 1-32 数字万用表结构面板标注

2. 电路导线通断测量方法

准备好数字万用表，将黑表笔和红表笔插在对应的接口位置，这里黑表笔插在COM 公共端，红表笔插在 VΩ 接口。

数字万用表有测量二极管挡或者蜂鸣器挡位，将旋钮开关调到这个挡位，然后短接两根表笔进行通断测试，如图 1-33 所示（避免万用表故障造成误判，蜂鸣器响正常）。然后将红表笔接导线的一头，黑表笔接导线另一头，如果电路是接通的，蜂鸣器会响；如果不响，说明电路断路。如图 1-34 所示。

通断测试

图 1-33 万用表使用前检查

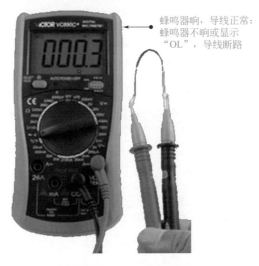

蜂鸣器响，导线正常；
蜂鸣器不响或显示
"OL"，导线断路

图 1-34 数字万用表测量导线通断

3. 使用数字万用表测量交流电压

准备好数字万用表，将黑表笔和红表笔插在对应的接口位置，这里黑表笔插在COM 接口，红表笔插在 VΩ 接口，将万用表的旋钮开关调到交流电压挡位，然后将红、黑表笔接到插座上，通常插座上的孔位顺序是左零、右火、上地。标准操作方法是将红表笔插入火线槽，黑表笔插入零线槽，图 1-35 ～图 1-37 分别为测量插排电压、测量面板插座电压、测量常用配电盘电压。

> 注意：交流电压（即市电）的电压范围通常为 220V±33V，即 187 ～ 253V，受各种因素影响较大，一般在用电高峰时电压较低，国内各城市不尽相同，如果测出的电压不是 220V，是非常正常的情况，并非数字万用表不准，如图 1-35 所示。

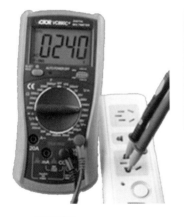

图 1-35 测量插排电压

图 1-36 测量面板插座电压

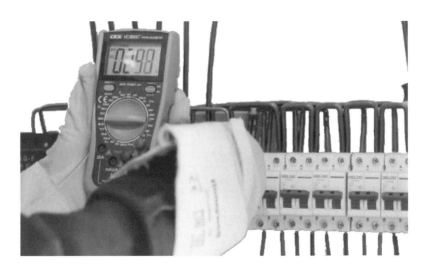

图 1-37 测量常用配电盘电压

4. 使用数字万用表测量直流电压

准备好数字万用表，将黑表笔和红表笔插在对应的接口位置，这里黑表笔插在 COM 接口，红表笔插在 VΩ 接口，将数字万用表调到直流电压挡位，用万用表的红表笔和黑表笔分别测量电池的正负极，如果测量出来是正值，说明红表笔接的是电池的正极，黑表笔接的是电池的负极。如果测量出来是负值，则情况与之相反。图 1-38 为 9V 电池直流电压测量情况。电池越饱满的时候电压越高，对 9V 方块电池的直流电压进行测量，结果显示 9.7V，从这个结果可以判断这个电池性能很好。

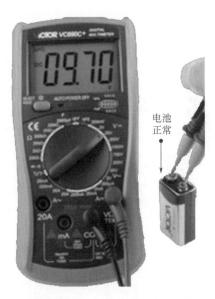

电池
正常

图 1-38 9V 电池直流电压测量

5. 使用数字万用表测量电阻

准备好数字万用表，首先连接表笔，红色表笔插入 VΩ 接口，黑色表笔插在 COM 接口，如图 1-39 所示。

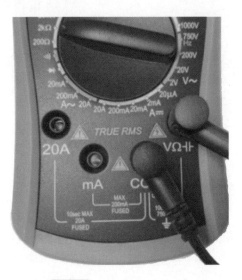

图 1-39 电阻测量万用表准备

将万用表的旋钮开关调到万用表电阻挡位，测量电阻就要使用电阻挡（测量前短接两根表笔进行通断测试，避免万用表自身故障），如果不确定电阻值是多少，可以旋转到预估值的挡位，连接电阻的两端，表笔随便接，没有正负之分，一定要确保接触良好。

读出万用表显示的数据，如果万用表没有数据显示，有可能是电阻坏了，当然还有一种可能就是量程不够，应更换量程；把量程增大，如果一直没有数据显示则证明电阻坏了，如果有数据要注意加上挡位的单位才是准确的电阻值。

万用表测量电阻实际操作如图 1-40 ～图 1-42，分别为测量 900Ω 电阻、超量程或是电阻损坏及测量瓷管 10Ω 电阻实际显示值。测量电阻时，超量程或电阻损坏时万用表显示"1"，如图 1-41 所示。

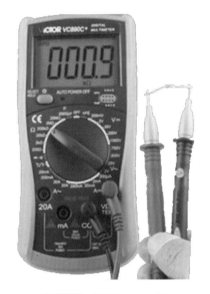

图 1-40 测量 900Ω 电阻

图 1-41 超量程或是电阻损坏时万用表显示情况

图 1-42 测量瓷管 10Ω 电阻

6. 使用数字万用表测量交流或直流电流

❶ 断开电路（图 1-43）中火线，断开电风扇火线。

❷ 黑表笔插入 COM 端口，红表笔插入 mA 或者 20A 端口，一般插入 20A 端口。

❸ 功能旋钮开关调至 A～（交流）或 A—（直流），并选择合适的量程。

❹ 断开被测线路，将数字万用表串联入被测线路中（串联到电风扇电路），使被测线路中电流从一端流入红表笔，经万用表黑表笔流出，再流入被测线路中。

❺ 接通电路。

❻ 显示屏上显示的数字即为所测电流值。

注意事项：在未能确定有多大的电流时一定要调到最大挡，在需要换挡时一定要关机，不能带电换挡。在串联电路中电压相加，电流相等；并联电路中电压相等，电流相加。

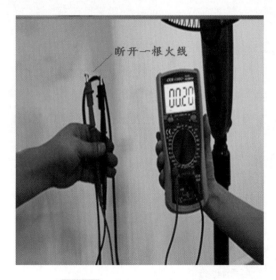

断开一根火线

图 1-43　数字万用表测量交流电流

 数字万用表使用技巧：

❶ 将黑表笔和红表笔插在相应的接口。

❷ 预估被测对象如电压、电流大小，将量程开关拨到合适挡位，或先拨到最高挡位，再逐渐调到合适挡位。

❸ 满量程，万用表会显示"1"，这时需要选择更高量程。

❹ 测量电压时应将万用表与电路并联，测量电流时应将万用表串联在电路中。

❺ 严禁带电测量电阻。

二、钳形电流表

1. 钳形电流表的外形与结构

钳形电流表是电机运行和维修工作中最常用的测量仪表之一，特别是近几年钳形电流表增加了测量交、直流电压和直流电阻以及电源频率等功能后，其用途更为广泛。常用钳形电流表外形如图 1-44 所示。

钳形电流表的使用

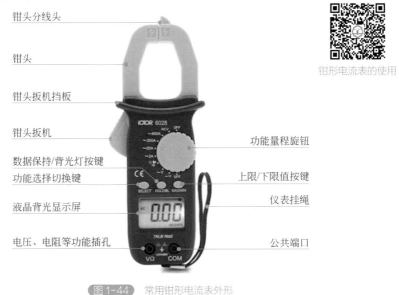

钳头分线头
钳头
钳头扳机挡板
钳头扳机
数据保持/背光灯按键
功能选择切换键
液晶背光显示屏
电压、电阻等功能插孔

功能量程旋钮
上限/下限值按键
仪表挂绳
公共端口

图 1-44 常用钳形电流表外形

2. 使用钳形电流表测量电流

测量电流时，按动扳机，打开钳头，将被测载流导线置于穿心式电流互感器的中间。当被测导线中有交流电流通过时，交流电流的磁通在互感器副边绕组中感应出电流，该电流通过 LED 显示屏显示所测电流值。如图 1-45 所示。

(a) 使用钳形电流表测量交流接触器A相电流

(b) 使用钳形电流表测量220V单相电流

图 1-45 使用钳形电流表测量电流

3. 使用钳形电流表的非接触功能测量电压

钳形电流表上的"NCV"是"非接触电压检测"，主要用来判断被测对象是否带电。

NCV 非接触测量电压：

❶ "NCV"含义为"非接触电压检测"，故无须使用表笔。

❷ 按住 NCV 检测键，仪表液晶屏停止显示，并发出声光提示，表明进入 NCV 检测状态。

❸ 一些品牌的钳形电流表是把挡位旋钮拨到 NCV 检测挡位，用仪表顶部靠近检测对象，如果存在 30 ～ 1000V 交流电压，仪表会发出连续声响，同时点亮红色警示灯；反之，则无声响和红色警示灯亮。如图 1-46 所示。

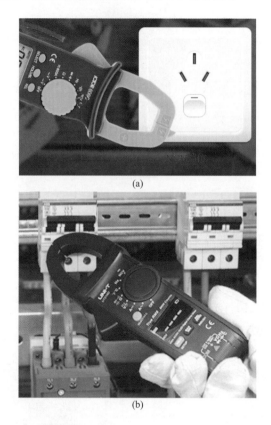

(a)

(b)

图 1-46　钳形电流表 NCV 非接触电压测量

4. 使用钳形电流表单表笔快速检测火线

将功能旋钮开关转至 LIVE 挡，将红色表笔插入 INPUT 端，红色表笔笔尖插入电源插座或火线端，仪表发出声光报警时表示测试的是火线，否则为零线或地线插孔，如图 1-47 所示。

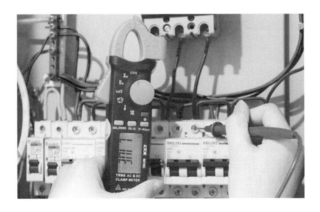

图 1-47 单表笔火线快速检测

5. 使用钳形电流表测量电压

将旋钮开关旋转至交流电压挡，切换成交流电压测量模式，将黑红表笔插入对应插孔，另一端触及被测部件。从显示屏读取测量结果即可，如图 1-48 所示。

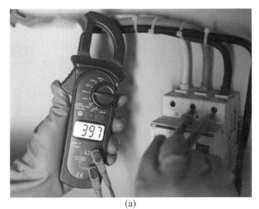

(a)

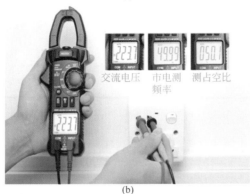

交流电压　市电测　测占空比
　　　　　频率

(b)

图 1-48 钳形电流表测量电压

> **钳形电流表使用技巧：**
>
> ❶ 使用时，首先要估计被测电流大小，选择合适量程。
> ❷ 测量时，被测载流导线应放在钳头内的中心位置。
> ❸ 使用中，如果出现振动等情况应将钳头重新开合一次。一般是钳头与导线接触不良。
> ❹ 禁止带电转换钳形电流表挡位。

三、兆欧表

1. 兆欧表的结构

兆欧表是由一个手摇发电机、表头和接线柱（即 L 线路端、E 接地端、G 屏蔽端）组成，"G"（屏蔽端）也叫保护环。如图 1-49 所示。

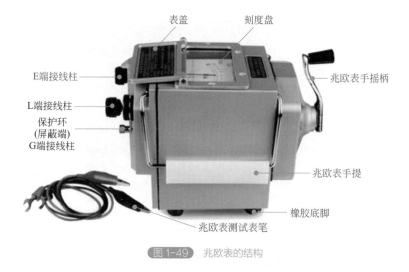

图 1-49　兆欧表的结构

2. 兆欧表的选择

对兆欧表应该按照额定电压等级进行选择：高压电气设备须选用电压高的兆欧表进行测试；低压电气设备为保证设备安全，应选用电压低的兆欧表进行测试。

一般情况下，额定电压在 500V 以下的设备，应选用 500V 或 1000V 的兆欧表；额定电压在 500V 以上的设备，选用 1000 ～ 2500V 的兆欧表。

量程范围的选择：原则是不使测量范围过多地超出被测绝缘电阻的数值，以免因分度值较大而产生较大的读数误差。另外，还要注意有些兆欧表的起始刻度不是零，而是 1MΩ 或 2MΩ。这种兆欧表不宜测量处于潮湿环境中的低压电气设备的绝缘电阻，因为在这种环境中的设备的绝缘电阻值较小，有可能小于 1MΩ，在仪表上读不到值，容易误认为绝缘电阻值为 1MΩ 或为零值。兆欧表的表盘刻度线上有两个小黑点，小黑点之间的区域为准确测量区域，如图 1-50 所示。所以，在选用兆欧表时应使被测设备的绝缘电阻值在准确测量区域内。

图 1-50　兆欧表准确测量区域

3. 新兆欧表好坏检查方法

使用新兆欧表要检查表是否完好（如图 1-51 所示）。

1.在无线的情况下，可顺时针摇动手柄

2.在正常情况下，指针向右滑动停留在∞的位置

3.黑色测试笔接E端，红色笔接L端，测试夹对接测试

4.顺时针缓慢转动手柄，指针会归零

图 1-51　新兆欧表好坏检查方法

4. 兆欧表使用前的检查

❶ 开路检测（如图 1-52 所示）。

1.开路时，顺时针以120转每分钟的速度匀速摇动手柄 2.指针指向无穷大(∞)的位置

图 1-52　兆欧表使用前开路检测

② 短路检测（如图 1-53 所示）。

1.E端与L端连接，进行短接 2.顺时针摇动手柄 3.指针迅速归零，仪表完好，可以开始检测

图 1-53　兆欧表使用前短路检测

5. 使用兆欧表测量输电线路对地绝缘电阻

兆欧表测量输电线路对地绝缘电阻时，要根据线路等级选择兆欧表。10kV 以下通常使用 10kV 的兆欧表，测量时，将线路端接线，搭在被测线路上，另一端接地。被测量输电线路若是新架设的，阻值不应小于 20MΩ；若是正在运行的线路，不能低于 1MΩ。

在使用中，首先停电、放电、验电、断开接地线，然后用兆欧表测量输电线路对地绝缘电阻。如图 1-54 所示。

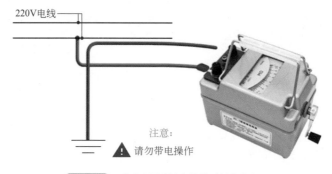

220V电线

注意：
⚠ 请勿带电操作

图 1-54　兆欧表测量输电线路对地绝缘电阻

6. 使用兆欧表测量电动机对地绝缘电阻

一般用兆欧表测量电动机的对地绝缘电阻，要测量每两相绕组和每相绕组与机壳之间的绝缘电阻，以判断电动机绝缘性能的好坏。使用兆欧表测量绝缘电阻时，通常对 500V 以下电压的电动机用 500V 兆欧表测量；对 500 ～ 1000V 电压的电动机用 1000V 兆欧表测量；对 1000V 以上电压的电动机用 2500V 兆欧表测量。

电动机对地绝缘电阻测量步骤如下：

❶ 将电动机接线盒内 6 个端头的联片拆开。

❷ 把兆欧表放平，先不接线，摇动兆欧表，对兆欧表进行检查。表针应指向"∞"处，再将表上有"L"（线路）和"E"（接地）的两接线柱用带线的测试夹短接，慢慢摇动手柄，表针应指向"0"处。

❸ 测量电动机三相绕组之间的电阻。将两测试夹分别接到任意两相绕组的任一端头上，平放摇表，以 120 转每分钟的速度匀速摇动兆欧表，1 分钟后读取表针稳定的指示值。

❹ 用同样方法，依次测量每相绕组与机壳间的绝缘电阻。但应注意，表上标有"E"或"接地"的接线柱，应接到机壳上无绝缘的地方。如图 1-55 所示。

电动机对地绝缘电阻用兆欧表检测时，电动机对地绝缘电阻阻值都要求在 0.5MΩ 以上。电动机接地电阻是地线的专有检测项，要求在 4Ω 以下，是用另外的"接地电阻测试仪"检测的。

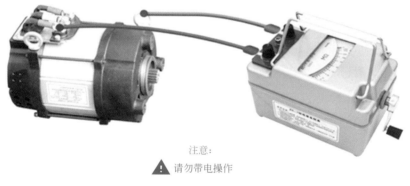

注意：

⚠ 请勿带电操作

图1-55 兆欧表测量电机对地绝缘电阻

7. 使用兆欧表测量变压器对地绝缘电阻

兆欧表测量变压器对地绝缘电阻应根据变压器的电压等级选择相应量程的兆欧表。测量时，应该高低压分别测量，将兆欧表一端接绕组，另一端接地，然后用 120 转每分钟的速度匀速摇动手柄，就可以测出对地绝缘电阻值。测量时，为确保精确，需要对三相绕组分别测量。国标中没有规定变压器高低压的对地绝缘电阻值，规定了干式变压器铁芯对地的绝缘电阻值是 200MΩ。如图 1-56 所示。

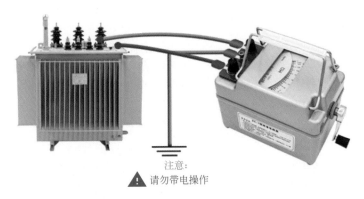

注意:
⚠ 请勿带电操作

图 1-56 兆欧表测量变压器对地绝缘电阻

8. 使用兆欧表测量低压电缆相间绝缘电阻

在测量低压电缆相间绝缘电阻时要注意电力电缆各缆芯与外皮均有较大的电容。因此，对电力电缆绝缘电阻的测量，应首先断开电缆的电源及负荷，并经充分放电之后才能进行。测量时，应在干燥的气候条件下进行，测量的方法如下。

❶ 首先要按照电力电缆的额定电压值选择合适的兆欧表。要求 500V 以下电缆选用 500V 或 1000V 兆欧表。

❷ 进行电缆相间绝缘电阻测量前要对兆欧表进行开路试验和短路试验，确保兆欧表的完好性。

❸ 在测量电缆相间绝缘电阻时，要使用"G"端，并将"G"端接屏蔽层或外壳。线路接好后，可按顺时针方向转动手柄，摇动的速度应由慢到快，当转速达到120 转每分钟左右时，保持匀速转动，1 分钟后读数，并且要边摇边读数，不能停下来读数。如图 1-57 所示。

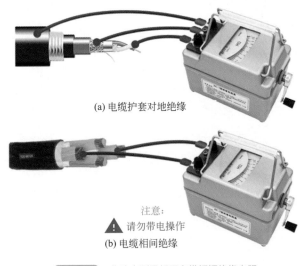

(a) 电缆护套对地绝缘

注意:
⚠ 请勿带电操作

(b) 电缆相间绝缘

图 1-57 兆欧表测量低压电缆相间绝缘电阻

④ 当取得测量结果后，首先将电缆芯线的连接导线取下，再停止摇动兆欧表手柄，并立即对电缆芯线放电，然后再测量电缆的另一相芯线的相间绝缘电阻。

⑤ 切记测量完毕后，需要对电缆芯线进行充分放电，以防触电。

9. 兆欧表测量绝缘电阻注意事项

❶ 测量过程中，被测设备上不能有人工作。

❷ 兆欧表未停止转动之前或被测设备未放电之前，严禁用手触及。拆线时，也不要触及引线的金属部分。

❸ 兆欧表线不能绞在一起，要分开。

❹ 测量结束时，对于大电容设备要放电。

❺ 兆欧表接线柱引出的测量软线绝缘应良好，两根导线之间和导线与地之间应保持适当距离，以免影响测量精度。

❻ 为了防止被测设备表面泄漏电阻，使用兆欧表时，应将被测设备的中间层（如电缆壳芯之间的内层绝缘物）接于保护环。

❼ 禁止在有雷电时或高压设备附近测量绝缘电阻，只能在设备不带电也没有感应电的情况下测量。

 兆欧表使用技巧：

❶ 选用与被测设备电压等级相适应的兆欧表。

❷ 不允许带电测量绝缘电阻。

❸ 测量时，兆欧表正确接线。

❹ 测量前，要对兆欧表进行开路和短路检测。

❺ 测量前，对电气设备接地放电。

❻ 测量时，严禁双手接触两根测量导线的导电部分。

四、接地电阻测量仪

1. 接地电阻测量仪的外形与结构

接地电阻就是用来衡量接地状态是否良好的一个重要参数，是电流由接地装置流入大地再经大地流向另一接地体或向远处扩散所遇到的电阻，它包括接地线和接地体本身的电阻、接地体与大地的电阻之间的接触电阻，以及两接地体之间大地的电阻或接地体到无限远处的大地电阻。

接地电阻大小直接体现了电气装置与"地"接触的良好程度，也反映了接地网的规模。以胜利接地电阻测试仪 VC4105A 为例，其外形与结构如图 1-58 所示。

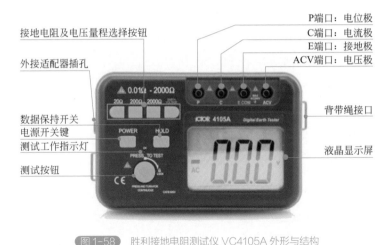

接地电阻及电压量程选择按钮

外接适配器插孔

数据保持开关
电源开关键
测试工作指示灯

测试按钮

P端口：电位极
C端口：电流极
E端口：接地极
ACV端口：电压极

背带绳接口

液晶显示屏

图1-58　胜利接地电阻测试仪 VC4105A 外形与结构

2. 接地电阻测量仪的使用方法

胜利接地电阻测试仪 VC4105A 使用方法如下：

❶ 使用中 E 为接地极，P 为电位极，C 为电流极，按三极法操作步骤来测接地电阻。开启接地电阻测试仪电源开关"POWER"，选择合适挡位（10 ～ 1000Ω），轻按一下测试按钮，该挡指示灯亮，表头 LCD 显示的数值即为被测得的接地电阻。接地电阻准确测量如图 1-59 所示。

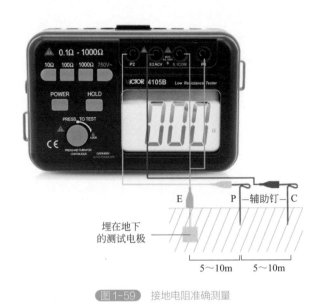

图1-59　接地电阻准确测量

❷ 接地电压测量（如图 1-60 所示）。

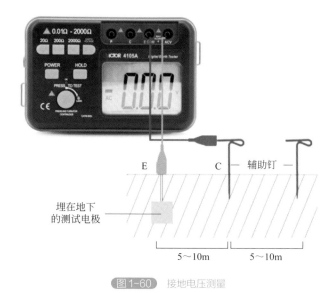

图 1-60　接地电压测量

3. 接地电阻测量仪使用注意事项

❶ 在测量时，应将接地装置线路与被保护的设备断开，以确保测量准确。

❷ 若测量探测针附近有与被测接地极相连的金属管道或电缆时，整个测量区域的电位将产生一定的均衡作用，会影响测量结果。此时，电流探测针 C 与上述金属管道或电缆的距离应大于 100m，电位探测针 P 与上述金属管道或电缆的距离应大于 50m。如果金属管道或电缆与接地回路无连接，则上述距离可减小 $1/2 \sim 2/3$。

❸ 当检流计灵敏度过高时，可将电位探测针 P 插入土中（浅一些）；当检流计灵敏度不足时，可将电位探测针 P 和电流探测针 C 间的土注水湿润。

❹ 当接地极 E 和电流探测针 C 间的距离大于 20m 时，电位探测针 P 的位置可插在 E 和 C 之间直线外，此时测量误差可以不计；当接地极 E 和电流探测针 C 间的距离小于 20m 时，则应将电位探测针 P 插于 E 和 C 的直线间。

接地电阻测量仪使用技巧：

❶ 使用中 E 接地极、P 电位极、C 电流极正确接线，并与探测针所在位置对应连接。

❷ 接地线路要与被保护设备断开，保证测量准确性。

❸ 选择合适挡位，轻按一下测试按钮，该挡指示灯亮，表头 LCD 显示的数值即为测得的接地电阻。

第四节 常用电工材料

　　电工常用的导电材料、电线电缆、电热材料、绝缘材料、磁性材料的特性、数据及应用内容非常丰富，为方便读者下载学习，本节内容做成了电子版，可以扫描二维码详细学习。

常用电工材料

Chapter 2

第二章

常用低压电器的选用、安装与检测

第一节　熔断器

一、RT18 或 RT28 系列熔断器

（1）RT18 或 RT28 系列圆筒形帽熔断器的结构组成　RT18 或 RT28 系列圆筒形帽熔断器在额定电压为交流 220V 或 380V，额定电流至 63A 的配电装置中作为过载和短路保护设备使用。氖灯和电阻组成了熔断器的熔断体熔断信号装置（代号"X"）。其外形和结构组成如图 2-1 所示。

(a)

图 2-1

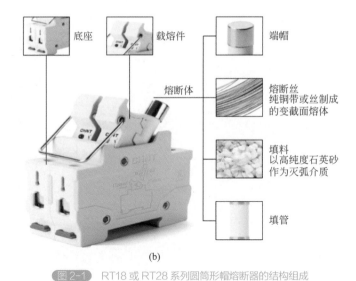

底座　载熔件　端帽

熔断体

熔断丝
纯铜带或丝制成
的变截面熔体

填料
以高纯度石英砂
作为灭弧介质

填管

(b)

图 2-1　RT18 或 RT28 系列圆筒形帽熔断器的结构组成

（2）RT28/63X 熔断器的安装（如图 2-2 所示）。

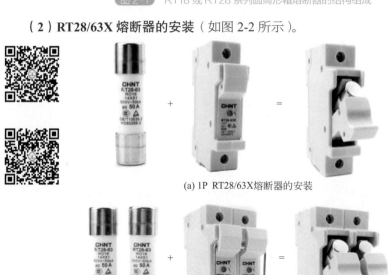

(a) 1P　RT28/63X熔断器的安装

(b) 2P　RT28/63X熔断器的安装

(c) 3P　RT28/63X熔断器的安装

图 2-2　RT28/63X 熔断器的安装

二、RT36 型熔断器

❶ RT36 型有填料管式熔断器的结构组成　RT36 型有填料管式熔断器主要用在交流电压 380V 的电路中，用于电路、电动机的过载和短路保护。该有填料管式熔断器是用多根并联的熔体组成网状，能保证较高、较可靠的分断能力，管内充满石英砂，用来冷却和熄灭电弧，这种熔断器附有绝缘手柄，可以带电装拆，规格有 100A、200A、400A、600A、1000A 等。如图 2-3 所示。

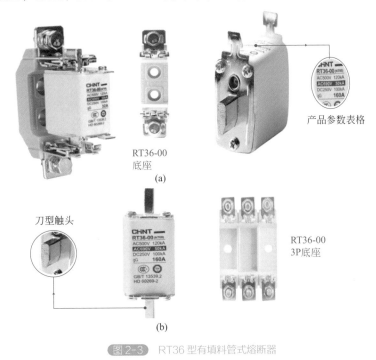

图 2-3　RT36 型有填料管式熔断器

❷ RT36 型有填料管式熔断器安装示意图如图 2-4 所示。

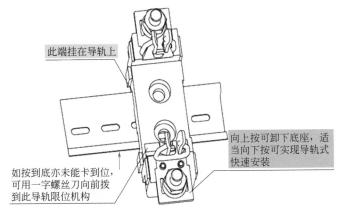

图 2-4　RT36 型有填料管式熔断器安装示意图

三、螺旋式熔断器

RL1 系列螺旋式熔断器适用于交流 50Hz、额定电压至 400V，或直流 440V、额定电流至 200A 的电路中，作电气设备短路或过载保护之用，广泛用于控制箱、配电屏、机床设备及振动较大的场合。在交流额定电压 500V、额定电流 200A 及以下的电路中，作为短路保护器件。常用规格有 2A、5A、15A、20A、30A、50A、60A、80A、100A 这几种。螺旋式熔断器的外形结构组成如图 2-5 所示。

熔断管内装有熔丝、石英砂和带小红点的熔断指示器，熔断指示器指示熔丝是否熔断。石英砂用于增强灭弧性能。

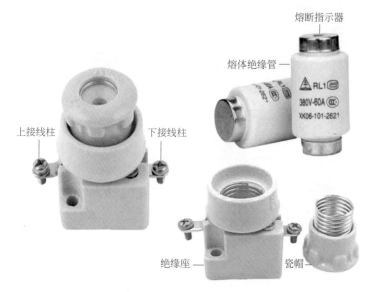

熔断指示器

熔体绝缘管

上接线柱   下接线柱

绝缘座   瓷帽

图 2-5 螺旋式熔断器的外形结构组成

螺旋式熔断器的安装接线方法：在安装时，用电设备的连接线接到连接金属螺纹壳的上接线柱，电源线接到底座上的下接线柱，这样在更换熔丝时，旋入瓷帽后，螺纹壳上不会带电。两熔断器间的距离应留有手拧的空间，不宜太近。这样更换熔体时，螺纹壳体上就不会带电，从而保证了人身安全。

四、跌落式熔断器

跌落式熔断器是 10kV 配电线路最常用的一种短路保护开关，它具有经济、操作方便、适应户外环境性强等特点，广泛用于 10kV 配电线路和配电变压器一次侧作为保护开关。它安装在 10kV 配电线路分支线上，可缩小停电范围，因其有一个明显的断开点，具备了隔离开关的功能，给检修段线路和设备创造了一个安全作业环境，增加了检修人员的安全感。它安装在配电变压器上，可以作为配电变压器的主保护，所以，在 10kV 配电线路和配电变压器中应用广泛。其外形结构如图 2-6 所示。

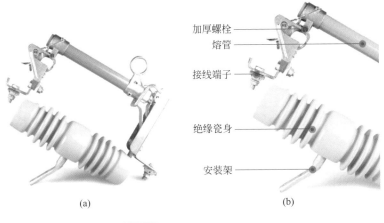

加厚螺栓

熔管

接线端子

绝缘瓷身

安装架

(a)　　　　　　　　　　　　　(b)

图 2-6　跌落式熔断器外形结构

　　跌落式熔断器的工作原理：熔丝管两端的动触头依靠熔丝（熔体）系紧，将上动触头推入"鸭嘴"凸出部分后，磷铜片等制成的上静触头顶着上动触头，故而熔丝管牢固地卡在"鸭嘴"里。当短路电流通过熔丝熔断时，产生电弧，熔丝管内衬的钢纸管在电弧作用下产生大量的气体，因熔丝管上端被封死，气体向下端喷出，吹灭电弧。由于熔丝熔断，熔丝管的上、下动触头失去熔丝的系紧力，在熔丝管自身重力和上、下动触头弹簧片的作用下，熔丝管迅速跌落，使电路断开，切断故障段线路或者故障设备。

　　跌落式熔断器在线路上安装如图 2-7 所示。

图 2-7　跌落式熔断器在 10kV 配电线路分支线上安装

安装跌落式熔断器，应符合以下要求：

❶ 安装前，应通过检查确认熔管与绝缘支架头间的配合尺寸，符合使用说明书的要求，以保证合闸状态下具有足够的接触压力。此外，还应确认熔体已拉紧，以防止触头过热。

❷ 不得垂直或水平安装，而应使熔管轴线与铅垂线成 30° 倾角，以保证熔体熔断时熔管能靠自重自行跌落。同时，不得装于变压器和其他设备的上方，以防熔管掉落发生其他事故。

❸ 保持足够的安全距离。当电压为 6 ～ 10kV 时，装于室外的熔断器，相间距离不应小于 70mm；装于室内的熔断器，相间距离不应小于 60mm。熔断器的对地距离，室外一般为 5m，室内为 3m。

❹ 一般情况下不得带负荷操作，分断操作时，首先应拉断中相，然后拉下风相，最后拉剩下的一相，合闸时顺序相反。要求操作时不可用力过猛，以免损坏熔断器，操作人应戴绝缘手套和护目镜，以保证安全。

五、熔断器的选择原则

❶ 在电气设备正常运行时，熔断器不应熔断；在出现短路时，应立即熔断；在电流发生正常变动（例如电动机启动过程）时，熔断器不应熔断；在用电设备持续过载时，应延时熔断。

❷ 熔断器的额定电压要大于或等于电路的额定电压。

❸ 熔断器的额定电流要依据负载情况而选择。

a. 在电阻性负载或照明电路中，由于这类负载启动过程很短，运行电流较平稳，选择熔断器时一般按负载额定电流的 1 ～ 1.1 倍选用熔体的额定电流。

b. 对于电动机等感性负载，由于这类负载的启动电流为额定电流的 4 ～ 7 倍，一般选择熔体的额定电流为电动机额定电流的 1.5 ～ 2.5 倍。这样一般来说，熔断器难以起到过载保护作用，而只能用作短路保护，需要注意的是在实际应用中过载保护一般使用热继电器。

❹ 选择熔断器的类型时，主要依据负载的保护特性和短路电流的大小。比如：用于保护照明和电动机的熔断器，一般是考虑它们的过载保护，这时，希望熔断器的熔化系数适当小些。所以，容量较小的照明线路和电动机宜采用熔体为铅锌合金的熔断器，而大容量的照明线路和电动机，除过载保护外，还应考虑短路时分断短路电流的能力。若短路电流较小时，可采用熔体为锡质的熔断器。用于企业车间低压供电线路的熔断器，考虑原则是短路时的分断能力。当短路电流较大时，宜采用具有高分断能力的 RL1 系列熔断器；当短路电流相当大时，宜采用有限流作用的 RT0 系列熔断器。

❺ 目前，电路安装设计中有些设计人员采用断路器做过载或短路保护，但在实际应用中用断路器加熔断器双重保护效果最好。

一般用途熔断器的选用原则：

❶ 选择熔断器类型时主要依据负载的情况和电路短路电流的大小 对于容量较小的选用插入式熔断器或无填料管式熔断器；对于短路电流较大的电路或有易燃气体的场合，选用具有高分断能力的螺旋式熔断器或有填料管式熔断器；对于保护硅整流器件的场合，应选用快速熔断器。

❷ 熔断器额定电流的选择 熔断器的额定电流要依据负载情况选择。

❸ 熔断器额定电压的选择 熔断器的额定电压应等于或大于所在电路的额定电压。

第二节 按钮开关

一、按钮开关的结构

控制按钮其结构如图 2-8 所示。由按钮帽、复位弹簧、桥式触头和外壳组成。

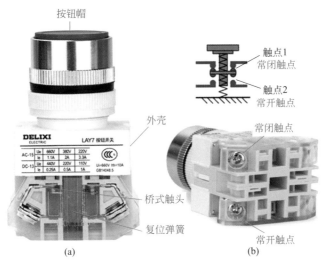

图 2-8 控制按钮结构

按钮按作用和触头的结构不同分为停止按钮（常闭按钮）、启动按钮（常开按钮）和复合按钮（常开和常闭组合按钮），由于复合按钮包括常闭按钮和常开按钮，所以，目前复合按钮应用最广泛。如图 2-9 所示。

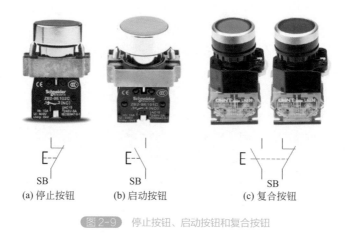

图 2-9　停止按钮、启动按钮和复合按钮

二、按钮开关的检测

　　将万用表调到二极管挡也就是蜂鸣挡，然后用两表笔分别接触按钮的两个触点。如果鸣响，就表示该触点是常闭触点（NC），否则为常开触点（NO）。可以按下按钮再次检测，会发现结果和上述情况正好相反。如图 2-10 所示。

图 2-10　万用表测量

三、自锁式控制按钮

　　自锁式控制按钮：按一下按钮，控制按钮锁住，接通（常开触点）或断开（常闭触点）控制电路。再按一下按钮，控制按钮才能弹回，断开（常开触点）或接通（常闭触点）控制电路。

电路工作过程如下：对于控制按钮两常开触点（两常闭触点工作过程相反），按一下按钮，电源通过按钮的常开触点连接交流接触器线圈，接触器线圈得电，交流接触器常开触点吸合，负载得电。再按一下按钮，控制按钮的常开触点断开，交流接触器线圈断电，接触器常开触点断开，负载断电停止工作。如图 2-11（a）所示。

对于控制按钮一常开一常闭触点，如图 2-11（b）所示。当按下按钮时，交流接触器线圈得电动作，常开触点闭合，按钮松开后，继电器线圈仍然通过闭合的常开触点接通交流接触器线圈。再次按动控制按钮，交流接触器线圈断电，接触器常开触点断开，负载断电停止工作。

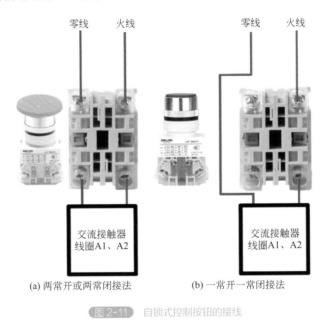

(a) 两常开或两常闭接法　　　　(b) 一常开一常闭接法

图 2-11　自锁式控制按钮的接线

四、自复位控制按钮

自复位控制按钮：按一下按钮，常开触点接通或常闭触点断开，手一松按钮就复位弹回来。在电机运行接线中，停止按钮接常闭触点，启动按钮接常开触点。如图 2-12 所示。

● 自复位控制按钮控制电机的启动过程：按下启动按钮，交流接触器线圈得电，交流接触器辅助常开触点闭合，交流接触器主触头闭合。负载通电启动并连续运转。当松开启动按钮时，启动按钮虽然恢复到断开位置，但由于有交流接触器的辅助常开触点（已经闭合了）与它并联，交流接触器线圈仍保持通电。由于辅助常开触点自锁的作用，在松开启动按钮时，负载仍能继续运转，而非点动运转。

● 停止过程：按下停止按钮，停止按钮常闭触点断开，交流接触器线圈失电，交流接触器主触头断开，负载断电。

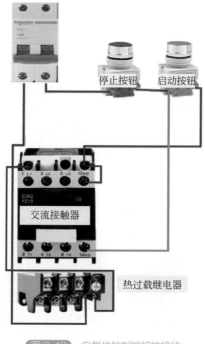

 图 2-12 　自复位控制按钮的接线

💡 **按钮开关知识要点：**

① 按钮开关按操作结构可以分为自锁型和自复位型两种。

② 按钮开关有常开型、常闭型、复合按钮一开一闭型，购买和安装的时候可灵活选择。

③ 按钮开关在电路中主要利用它的常开触点和常闭触点来进行自锁和互锁，可以通过它的典型电路进行练习，从而掌握它的接线。

第三节 　交流接触器

一、交流接触器的工作原理

交流接触器是利用电磁吸力而工作的自动电器，一般由电磁铁和触点两部分组成，交流接触器的动触点固定在衔铁上，静触点则固定在壳体上。当吸引线圈未通电时，交流接触器所处的状态为常态，常态时互相分开的触点称为动合触点（又称常开触点）；而互相闭合的触点则称为动断触点（又称常闭触点）。如图 2-13 所示。

当吸引线圈加上额定电压时，产生电磁吸力，将衔铁吸合，同时带动动触点与静触点接通。当吸引线圈断电或电压降低较多时，由于弹簧的作用，衔铁释放，触点断开，即恢复原来的常态位置。因此，只要控制吸引线圈通电或断电就可以使它的触点接通或断开，从而使电路接通或断开。

交流接触器的触点分主触点和辅助触点两种。主触点的接触面大，并有灭弧装置，所以能通过较大的电流，可以接在主电路中控制电动机的启停。20A 以上的交流接触器，通常都装有灭弧罩，用以迅速熄灭主触点分断时所产生的电弧，保护主触点不被烧坏。辅助触点的额定电流较小，用来接通和分断小电流的控制电路，如控制交流接触器的吸引线圈电路等。辅助触点只可以接在控制电路中，即弱电流通过的电路。

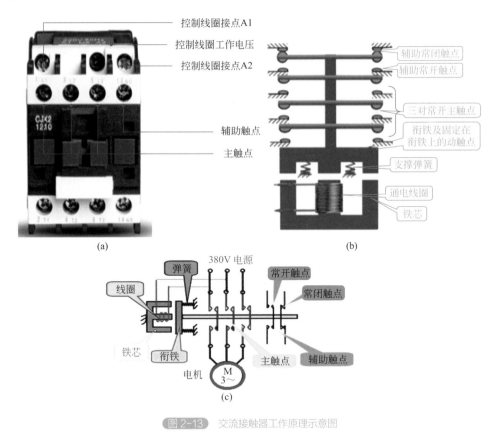

图 2-13　交流接触器工作原理示意图

二、常用交流接触器的外形与结构

常用交流接触器是由以下四部分组成（常用交流接触器结构图分别如图 2-14 ～

图 2-17 所示）：

（1）**电磁机构**　由线圈、动铁芯（衔铁）和静铁芯组成，其作用是将电磁能转换成机械能，产生电磁吸力带动触点动作。

（2）**触点系统**　包括主触点和辅助触点。主触点用于通断主电路，通常为三对常开触点。辅助触点用于控制电路，起电气联锁作用，故又称联锁触点，一般常开触点、常闭触点各两对或一对。

（3）**灭弧装置**　容量在 10A 以上的交流接触器都有灭弧装置，对于小容量的交流接触器，常采用双断口触点灭弧、电动力灭弧、相间弧板隔弧及陶土灭弧罩灭弧。对于大容量的接触器，采用纵缝灭弧罩及栅片灭弧。

（4）**其他部件**　包括反作用弹簧、缓冲弹簧、触点压力弹簧、传动机构及外壳等。

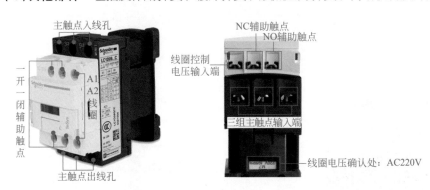

图 2-14　施耐德 LC1 系列交流接触器结构图

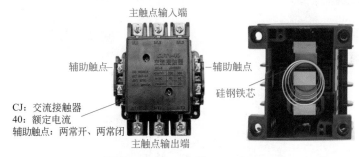

图 2-15　正泰 CJT1 系列交流接触器结构图

图 2-16　正泰 CJX2 系列交流接触器结构图

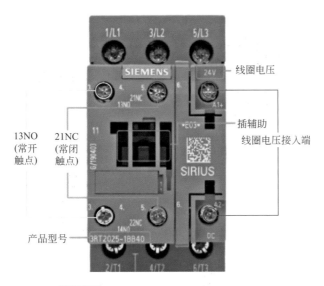

线圈电压

插辅助
线圈电压接入端

13NO
(常开
触点)

21NC
(常闭
触点)

产品型号

图 2-17　西门子 3RT 系列交流接触器结构图

三、常用交流接触器的选用原则

作为通断负载电源的设备，交流接触器的选用应满足被控设备的最低标准要求。最基本的参数是额定工作电压，额定工作电压与被控设备的额定工作电压相同，其次是被控设备的负载功率、使用类别、控制方式、操作频率、安装方式及尺寸，最后是选择的交流接触器的经济性。

❶ 交流接触器的电压等级要和负载相同，选用的交流接触器类型要和负载相适应。

❷ 负载计算电流应小于等于交流接触器的额定工作电流。交流接触器的接通电流大于负载的启动电流，分断电流大于负载运行时分断电流。

❸ 交流接触器吸引线圈的额定电压、电流及辅助触点的数量、电流容量应满足控制回路的接线要求。一般交流接触器要能够在 85% ～ 110% 的额定电压值下工作。如图 2-18 所示。

❹ 如果操作频率超过规定值，额定电流应该加大一倍。

❺ 在电路中，短路保护元件断路器或熔断器参数应该和交流接触器参数配合选用。如交流接触器的约定发热电流应小于空气断路器的过载电流，交流接触器的接通、断开电流应小于断路器的短路保护电流，这样断路器或熔断器才能保护交流接触器。额定电流和约定发热电流的区别如图 2-19 所示。

❻ 交流接触器和其他元器件的安装距离要符合相关国标、规范，同时要考虑维修和走线距离。

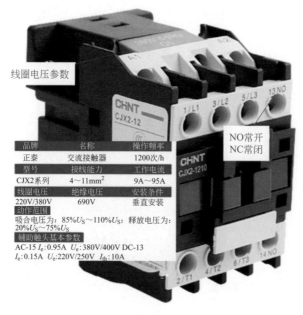

品牌	名称	操作频率
正泰	交流接触器	1200次/h
型号	接线能力	工作电流
CJX2系列	4~11mm²	9A~95A
线圈电压	绝缘电压	安装条件
220V/380V	690V	垂直安装

动作范围
吸合电压为: 85%U_S~110%U_S; 释放电压为: 20%U_S~75%U_S

辅助触头-基本参数
AC-15 I_e:0.95A U_e:380V/400V DC-13
I_e:0.15A U_e:220V/250V I_{th}:10A

线圈电压参数

NO常开
NC常闭

图 2-18 正泰 CJX2 系列交流接触器及造型参数

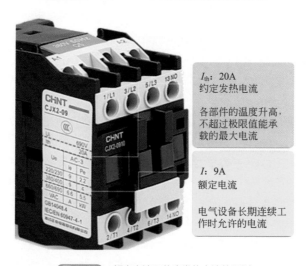

I_{th}: 20A
约定发热电流

各部件的温度升高, 不超过极限值能承载的最大电流

I: 9A
额定电流

电气设备长期连续工作时允许的电流

图 2-19 额定电流和约定发热电流的区别

四、交流接触器的检查

使用万用表测量交流接触器的方法如图 2-20 所示。

五、交流接触器 220V 线圈工作电压接线

交流接触器一般分为 220V、380V、110V 和 36V 等几种。这个电压指的并不是

交流接触器的主触点只能接 220V、380V、110V 及 36V，这个电压是说的线圈电压。

交流接触器线圈的两个接线柱就是 A1 和 A2，当接触器的线圈通入规定的电压，线圈得电后衔铁带动触点就会动作，常开触点闭合，常闭触点断开，从而对主电路进行控制。主电路的主触点就是常开触点，交流接触器的上接线端就是 L1、L2 和 L3，下接线端就是 T1、T2 和 T3。

(a) 万用表测量线圈

(b) 按下试验端头测量主触点接通

(c) 放开试验端头测量主触点断开

图 2-20 使用万用表测量交流接触器的方法

图 2-21 是 220V 交流接触器控制单相负载接线，其中，220V 电源经过控制元件或是开关接到线圈 A1、A2 端控制交流接触器常开触点闭合，常闭触点断开，从而对主电路和负载进行控制。同时，220V 电源和负载在三个主触点中可以随便选择相对应的两个主触点进行接线。

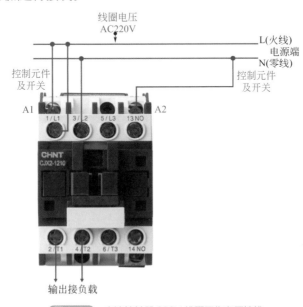

交流接触器的检查

图 2-21 交流接触器 220V 线圈工作电压接线

六、CJX2 交流接触器 380V 线圈工作电压接线

交流接触器 380V 线圈工作电压接线主要是交流接触器 1/L1、3/L2、5/L3 接断路器电源侧，接三相电源。2/T1、4/T2、6/T3 是负载侧，接负载。线圈 A1、A2 任选三相电源中的两相经过控制元件或开关接到 A1、A2 端。如图 2-22 所示。

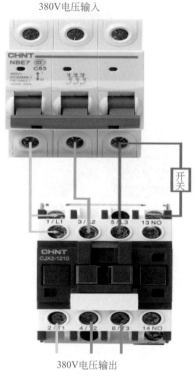

图 2-22　CJX2 交流接触器 380V 线圈工作电压接线

 交流接触器常开触点和常闭触点小知识：

（1）交流接触器常闭触点（NC）

❶交流接触器常闭触点定义：在常态（不通电、无电流流过）的情况下处于闭合状态的触点叫常闭触点。

❷交流接触器常闭触点特点：在交流接触器的线圈失电状态下，触点是通的。当线圈得电，常闭触点断开。

（2）交流接触器常开触点（NO）

❶交流接触器常开触点定义：在常态（不通电）的情况下处于断开状态的触点叫常开触点。

❷ 交流接触器常开触点特点：在交流接触器的线圈失电状态下，触点是断开的。当线圈得电，常开触点闭合。

按照上述，就不难理解常开触点和常闭触点了，交流接触器线圈不通电时，常闭触点可以通过电流，常开触点处于断开状态（可以理解为开关）；交流接触器线圈通电时，常闭触点断开，常开触点闭合，这就是交流接触器的工作特点。

> **提示：** 交流接触器线圈电压是给接触器内部线圈供电的，线圈一得电，接触器的常开触点就会闭合，常闭触点就会断开，而交流接触器的主电压是通过接触器的主端子的电压，也就是接触器所在电路的电压。交流接触器线圈的接入电压有220V、380V、36V和24V等多种之分，产品上面会有直接的标注，使用中要注意。

第四节　热继电器

一、常用热继电器

常用热继电器的外形如图 2-23 所示，热继电器各部分结构（以正泰 NR2-25 为例）如图 2-24 所示。它是由常开触点、常闭触点、热元件、触点、动作机构、复位按钮和电流设定盘等七部分组成。

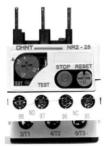

(a) 正泰热继电器NR2-25

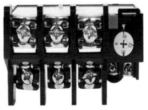

(b) 正泰热继电器JR36

(c) 德力西热继电器JRS1

(d) 西门子热继电器3UA50

图 2-23　热继电器外形

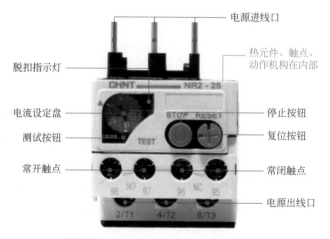

电源进线口

脱扣指示灯

热元件、触点、动作机构在内部

电流设定盘

停止按钮

测试按钮

复位按钮

常开触点

常闭触点

电源出线口

图 2-24　正泰 NR2-25 热继电器各部分结构

二、热继电器、交流接触器和按钮开关电路接线

热继电器、交流接触器和按钮开关组合的简单接线如图 2-25 所示。

热继电器的检测

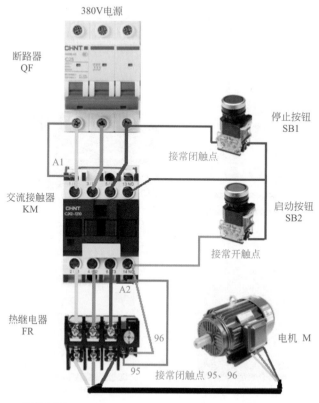

380V电源

断路器
QF

停止按钮
SB1

A1

接常闭触点

交流接触器
KM

启动按钮
SB2

接常开触点

A2

热继电器
FR

96

电机 M

95

接常闭触点 95、96

图 2-25　交流接触器、热继电器和按钮开关组合的简单接线

热继电器使用小知识：

❶ 热继电器的热元件串接在主回路 (也称一次回路) 中，常闭触点接在控制回路 (也称二次回路) 中。

❷ 当热继电器用于保护长期工作制或间断长期工作制的电动机时，一般按电动机的额定电流来选用。例如，热继电器的整定值可等于 95% ～ 105% 的电动机的额定电流，或者取热继电器整定电流的中值等于电动机的额定电流，然后进行调整。

❸ 热继电器的安装应按产品说明书的规定进行，从而确保热继电器在使用时的动作性能一致。

❹ 热继电器靠左边的为主回路接线端子（3 路，共 6 点），靠右边的是输出的辅助触点接线端。

使用热继电器时把热元件串联在电路的主回路（例如电机启动器中电机的供电回路）中。图 2-25 中靠左边，上下两排各有 3 个接线端子，每个热元件分别接在一上一下两个端子间，共有 3 个热元件，分别串联在电机的 3 条电源输入线上。

辅助触点，如图 2-24 所示通常是一常开（NO）一常闭（NC）触点。用于电机的控制回路中。

当电机过载时，输入电机的电流会超过电机的额定电流，热继电器中的热元件会因流经的电流过大而发热，引起弯曲。通过内部的机械结构带动输出触点发生切换，达到输出"过载"信号的目的。

热继电器的辅助触点的"NC"触头组可串联在控制电路的供电线路中，如果电机过载，辅助触点的"NC"触头就会切断控制回路的电源，使电机停止运转。

辅助触点的"NO"触头组可接报警设备，如果电机因过载而停止运转时，会给出电机停止的原因——"过载"信号指示。

第五节　中间继电器

一、中间继电器的外形与结构

常用中间继电器外形如图 2-26 所示。

(a) 正泰中间继电器JZ7-44

(b) 正泰8脚小型中间继电器

(c) 施耐德中间继电器8脚RXM2LB2BD

(d) 欧姆龙中间继电器JZX-22F(D)/4Z

图 2-26　常用中间继电器外形

常见的交流中间继电器有正泰 JZ7 系列、JZX-22F 系列，以及施耐德中间继电器 8 脚 RXM2LB2BD 系列、欧姆龙中间继电器 JZX-22F(D)/4Z 系列。中间继电器的各部分结构如图 2-27 所示。

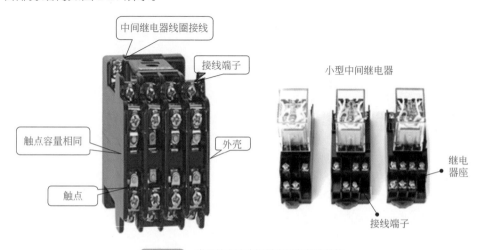

图 2-27　常见的交流中间继电器各部分结构

二、中间继电器接线

以正泰 JZX-22F/2Z 为例，JZX-22F/2Z 接线图如图 2-28 所示。其中 1、9 是其中一组常闭触点，5、9 是其常开触点，4、12 是其中一组常闭触点，8、12 是其常开触点，13、14 是继电器线圈引脚。

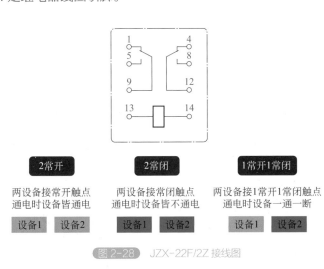

图 2-28　JZX-22F/2Z 接线图

JZX-22F/2Z 实物接线图如图 2-29 所示。

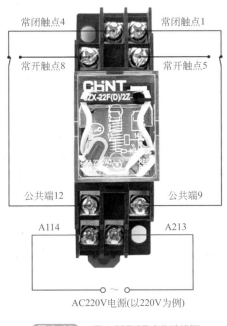

图 2-29　JZX-22F/2Z 实物接线图

三、中间继电器的日常检查方法

中间继电器的电气部分由线圈和触点组成，两者检测均使用万用表的电阻挡或二极管挡。

中间继电器控制线圈未通电时检测线圈和触点，触点包括常开触点和常闭触点。在控制线圈未通电的情况下，常开触点断开，电阻为无穷大；常闭触点闭合，电阻接近零（由于万用表和中间继电器接触点有内阻，所以近似为零）。中间继电器控制线圈未通电时检测常开触点、常闭触点和线圈，如图 2-30 所示。

中间继电器
的检测

(a) 中间继电器线圈测量

(b) 中间继电器未通电时常开触点测量

(c) 中间继电器未通电时常闭触点测量

(d) 中间继电器常闭触点损坏时测量

图 2-30　用万用表检测中间继电器

给控制线圈通电来检测触点。给中间继电器的控制线圈施加额定电压，再用万用表检测常开、常闭触点的电阻。正常情况，常开触点应闭合，电阻接近零；常闭触点断开，电阻为无穷大。

四、中间继电器常开 - 常闭触点在设备启动中接线

当接触器的电磁线圈通电后，触点动作，常闭触点断开，常开触点闭合，两者是联动的。220V电源通过接触器常开触点接入中间继电器线圈A1（14）、A2（13）端为中间继电器控制电源。如图2-31所示。

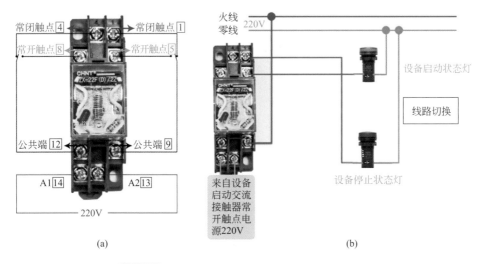

(a)　　　　　　　　　　　　　　　　(b)

图 2-31　中间继电器常开 - 常闭触点在设备启动中应用

图2-31中220V电源零线分别进两个指示灯，火线进继电器公共端9，然后从5号接线端子出来进设备启动状态灯，1号接线端子出来进设备停止状态灯。中间继电器初始状态1号接线端子上面的设备停止状态灯会亮起来，因为1是常闭触点。继电器得电吸合，5号接线端子设备启动状态灯会亮起来。因为继电器得电，常开触点闭合，所以灯会亮起来。

中间继电器使用小知识：

❶ 中间继电器接线方法：首先，中间继电器有线圈，线圈得电后，动铁芯在磁力作用下吸合，中间继电器常开触点闭合，常闭触点断开，这和交流接触器原理相同。

❷ 中间继电器的常开触点和常闭触点不分主触点和辅助触点。

❸ 因为中间继电器的触点导通电流量较小，故此多用于控制电路中。

④ 中间继电器的接线端子主要分为一组电源线圈接线端子和几组常开、常闭触点接线端子。在使用中可以看到中间继电器塑料壳上都会标有接线端子功能示意符号，这样就可以根据中间继电器具体标示接线。

⑤ 一般的中间继电器上，电源触点接线端子多为13、14两个接线端子。如果是直流线圈的话，大部分都是13为负极，14为正极。有些直流中间继电器带有小指示灯，负极接错指示灯不会亮，但中间继电器可以正常工作。如果是交流线圈的中间继电器，在使用中不用区分正负极。如图2-32所示。

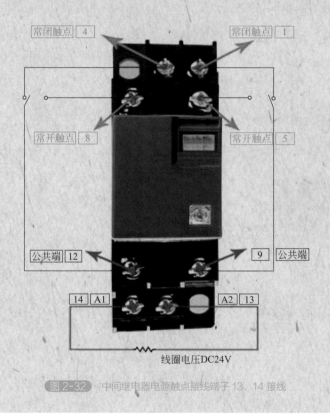

图 2-32 中间继电器电源触点接线端子13、14接线

第六节　时间继电器

一、时间继电器的结构与组成

常用时间继电器外形如图2-33所示。

时间继电器
的检测

(a) JS7系列空气阻尼时间继电器　　　　　　　(b) ST3P系列时间继电器

(c) JSS48A-S系列时间继电器　　　　　　　(d) JS14P系列时间继电器

图 2-33　常用时间继电器外形

常用时间继电器组成结构如图 2-34 所示。

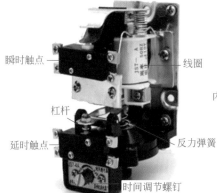

瞬时触点　　　　　　　线圈

杠杆

延时触点　　　　　　　反力弹簧

时间调节螺钉

(a) JS7系列时间继电器组成结构

内部电路

工作电压等级
动作指示灯

电源指示灯
时段开关

5s　　　　　　50s

(b) ST3P系列时间继电器组成结构

图 2-34　常用时间继电器组成结构

二、电子式时间继电器的工作原理

电子式时间继电器是利用 RC 电路中电容、电压不能跃变，只能按指数规律逐渐变化的原理获得延时的，目前使用广泛。

图 2-35 为一种单结晶体管构成的 RC 充放电时间继电器的原理电路。其工作原理如下：当接通电源后，通过 VD_1 整流、C_1 滤波及稳压器稳压后的直流电压，经电位器 RP_1 和电阻 R_2 向 C_3 充电，此时 C_3 两端的电压按指数规律上升。当该电压大于单结晶体管 VT_2 的导通电压时，VT_2 导通，输出脉冲使晶闸管 VT_1 导通，继电器线圈得电，触点动作。

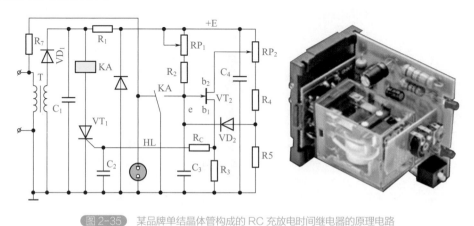

图 2-35 某品牌单结晶体管构成的 RC 充放电时间继电器的原理电路

三、时间继电器的选用

❶ 时间继电器的类型要根据延时范围和精度要求来选择。

❷ 使用时也要根据工作环境、使用场所、安装位置选择时间继电器的类型。例如电源频率不稳定场合不宜选用电动式时间继电器，环境温度恶劣或温差变化大的场合不宜选用空气阻尼式和电动式时间继电器，对于电源电压波动大的场合可以选用空气阻尼式或电动式时间继电器。

❸ 日常组装和维修直接根据控制电路对延时方式的要求，选择通电延时型时间继电器或断电延时型时间继电器。如图 2-36 所示。

❹ 根据控制线路电压选择时间继电器吸引线圈的电压。

四、如何区分通电延时和断电延时时间继电器图形符号

断电延时时间继电器的触点，在继电器通电后动作，继电器断电后，到达设定的延时时间后复原。通电延时时间继电器的触点，在继电器通电后，到达设定的延时时间时动作，继电器断电后复原。

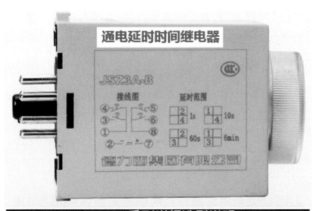

JSZ3A 系列详细选型说明

型号	延时时间	延时范围	控制电源电压
JSZ3A	-A	0.5s/5s/30s/3min	AC50Hz/60Hz: AC12V,24V,36V, 110V,127V, 220V,380V DC12V,24V,48V (其他电压可定制)
通电后延时动作	-B	1s/10s/60s/6min	
	-C	5s/50s/5min/30min	
	-D	10s/100s/10min/60min	
	-E	60s/10min/60min/6h	
	-F	2min/20min/2h/12h	
	-G	4min/40min/4h/24h	

(a)

JSZ3F 系列详细选型说明

延时范围	0.1~1s/ 0.2~2s/0.5~5s/0.6~6s/1~10s 2~20s/3~30s/6~60s/10~100s/18~180s 0.4~40min/0.5~5min/0.6~6min/1~10min 2~20min/3~30min
控制电源电压	断电后延时动作 AC12V,24V,36V,110V,127V, 220V,380V DC12V,24V,48V(其他电压可定制)

(b)

图 2-36　通电延时型时间继电器和断电延时型时间继电器选择

如何区分其图形符号？先看通电延时时间继电器的触点：通电延时时间继电器的触点看圆弧，圆弧向圆心方向移动，带动触点延时动作。如图 2-37 所示。

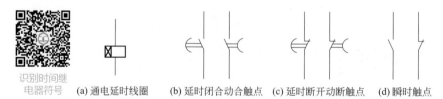

识别时间继电器符号

(a) 通电延时线圈　　(b) 延时闭合动合触点　　(c) 延时断开动断触点　　(d) 瞬时触点

图 2-37　通电延时时间继电器

再看断电延时时间继电器的触点：断电延时时间继电器的触点也是看圆弧，通电后触点动作。断电后，圆弧向圆心方向移动，带动触点延时复位，如图 2-38 所示。

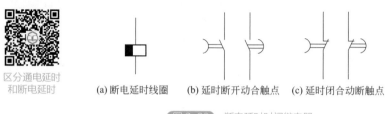

区分通电延时和断电延时

(a) 断电延时线圈　　(b) 延时断开动合触点　　(c) 延时闭合动断触点

图 2-38　断电延时时间继电器

五、时间继电器的接线

1. 欣灵 HHS5R（ST3PR）220V 电感式时间继电器与小于 3A 负载接线

HHS5R(ST3PR) 系列时间继电器，适用于在交流 50Hz、工作电压 380V 及以下或直流工作电压 24V 的控制电路中作延时元件，按预置的时间接通或分断电路。外形如图 2-39 所示。

单相负载时，若负载阻性电流小于等于 3A 或感性电流小于等于 0.5A，时间继电器直接控制，如图 2-40 所示。负载可为路灯或灯泡，可直接接在路灯或灯泡端口的两根线上。

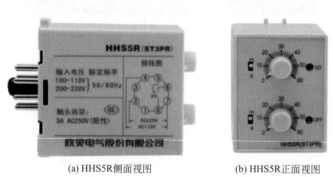

(a) HHS5R侧面视图　　　　　(b) HHS5R正面视图

(c) HHS5R内部结构图

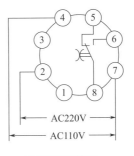

(d) HHS5R电路图

图 2-39 欣灵 HHS5R（ST3PR）220V 电感式时间继电器外形

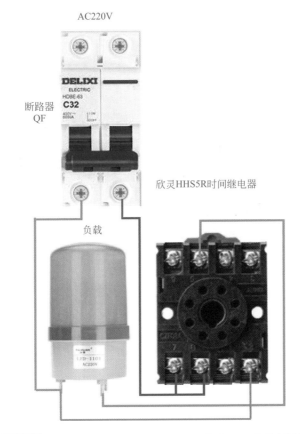

图 2-40 HHS5R(ST3PR) 系列时间继电器与小于 3A 负载直接接线

2. 欣灵 HHS5R（ST3PR）380V 电感式时间继电器负载接线

三相负载时，交流接触器和继电器电源为 AC380V，接线示意图如图 2-41 所示，实物图如图 2-42 所示。

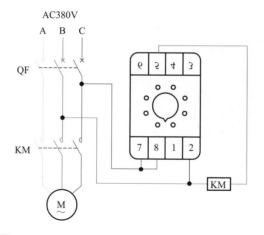

图 2-41　欣灵 HHS5R（ST3PR）380V 电感式时间继电器接线示意图

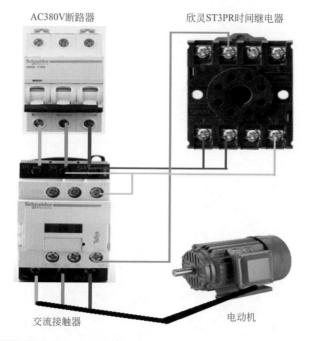

图 2-42　欣灵 HHS5R（ST3PR）380V 电感式时间继电器实物接线

时间继电器看图接线技巧：

❶ 时间继电器工作电压有直流的，也有交流的，直流的和交流的接线方法基本相同，只是工作电压不同。

❷ 时间继电器调节时间的方法分为很多种，也有区别，例如有按钮的、按键

的，也有旋转的，其实质都是设置跳转时间，在设置好跳转时间以后，到达所需时间后时间继电器常开和常闭触点就会自动跳转相应方式。

❸在实际应用中，时间继电器侧面都有接线图，如图2-43所示。大家可以看到，2和7是时间继电器的工作电源，7是正极，2是负极，然后1、3、4是一组跳转触点，1和4是常闭触点，也就是延时以前一直是闭合的，在设定的延时时间到达的时候，1和4就从常闭触点变为了常开触点，也就断开了，这时1和3就接通了，这样就完成了延时跳转。8、6、5是另一组跳转触点，和第一组跳转触点是一个原理。

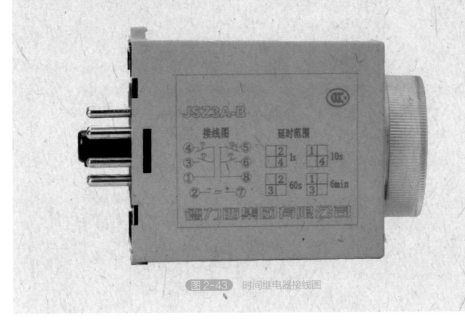

图2-43　时间继电器接线图

第七节　断相和相序综合保护器

一、常用断相和相序综合保护器

常用断相和相序综合保护器外形结构如图2-44所示。

断相和相序综合保护器的作用：相序错误时容易造成安全事故和设备损坏。断相和相序综合保护器就是对设备的供电电源进行实时监控，当电源发生过电压、欠电压、相序错误、三相电压不平衡、断相等异常时迅速切断电源，起到保护用电设备的作用。

(a) 正泰XJ3-D

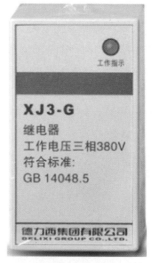

(b) 德力西XJ3-G

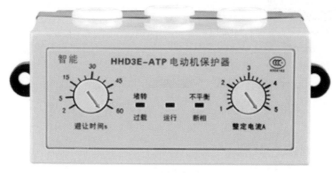

(c) 欣灵HHD3E

图2-44 常用断相和相序综合保护器外形

二、断相和相序综合保护器的工作原理

1. 过电压和欠电压保护

过电压保护判定依据为三相电压中最高电压大于过电压判定值，欠电压保护判定依据为最低电压小于欠电压判定值。发生过、欠电压故障后保护器"过/欠电压"指示灯闪烁，在延迟设定的动作时间后内部继电器动作，保护动作后"过/欠电压"指示灯常亮。过、欠电压保护复位方式为电压恢复正常后自动复位，复位时设有回差值，有效防止误动作发生。

2. 三相电压不平衡保护

三相电压不平衡会造成电机类负载三相电流不平衡，电机发热量增大，严重时会烧毁电机绕组。对于变压器而言，当高压侧断相时会给变压器二次侧造成三相电压不平衡故障。当三相电压不平衡度大于10%时，断相和相序综合保护器"断相/不平衡"指示灯闪烁，如果不平衡故障持续存在5s以上时，断相和相序综合保护器内部的继电器动作，保护动作后"断相/不平衡"指示灯常亮。三相电压不平衡保护的复位方式为不平衡度<8%时自动复位，回差值可有效防止误动作发生。

3.动态断相保护

动态断相就是电工所说的缺相，比如380V三相电源，如果有一根相线断了，那么继电器常开触点不会动作，从而使外部控制电路失电。

当电机三相供电发生断相时容易烧毁电机，所以动态断相时的保护尤为重要。动态断相的概念是当三相负载为电机类感性负载时，在运行期间发生某相电压断相的故障情况，此时，因电机绕组产生的反电动势作用到断相的回路，导致这一回路的电压不为零，造成的故障现象是三相电压不平衡。断相和相序综合保护器具有准确、灵敏的三相电压不平衡保护功能，当发生动态断相故障时，断相和相序综合保护器"断相/不平衡"指示灯闪烁，延迟5s后断相和相序综合保护器内部继电器动作，"断相/不平衡"指示灯常亮。这样就更有针对性地加强了对起重、制冷等行业在使用电机类感性负载时的可靠性。

4.相序错保护

当三相电的相序发生改变时，断相和相序综合保护器也会停止工作。在使用断相和相序综合保护器时，选用常开触点，串联在外部控制回路当中，这样就可以起到保护作用。

相序错保护主要是避免在三相电压回路中有两相接反时会导致电机反转，在起重机、电梯、输送带等设备运行时造成严重的安全事故。断相和相序综合保护器的相序错保护的动作时间为1s，保护动作后"相序"指示灯常亮，复位方式为断电复位。

图2-45是三相电进断相和相序综合保护器接线图，1、2、3接A、B、C三相进线，5、6是断相和相序综合保护器常开触点，7、8是断相和相序综合保护器常闭触点。通常把常开触点串联到控制电路中。实物接线图如图2-46所示。

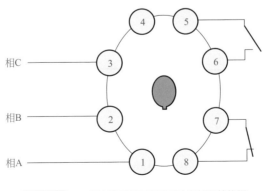

图 2-45 三相电进断相和相序综合保护器接线图

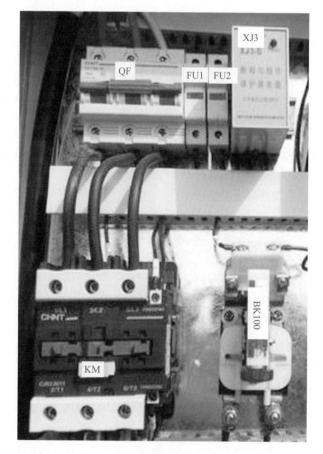

图 2-46　实物接线图

三、断相和相序综合保护器 XJ3 接线

XJ3 系列断相和相序综合保护器在三相交流电路中作过 / 欠电压、断相保护，在不可逆转传动设备中作相序保护，具有性能可靠、适用范围广、使用方便等特点。外形如图 2-47 所示。

XJ3 系列断相和相序综合保护器按图 2-48 接入电源控制回路，即能对电路起到保护作用。三相电路中任何一相的熔断器开路或供电线路有断相时 XJ3 立即动作，控制触头切断主电路交流接触器线圈电源，交流接触器主触头动作，从而实现对负载的断相保护。

如图 2-48 所示，利用常开触点 Ta、Tc 实现对接触器线圈的控制，达到保护负载的目的。

欣灵 380V 线圈 HHD3E-BP 电动机断相和相序综合保护器实物接线如图 2-49 所示。

(a)

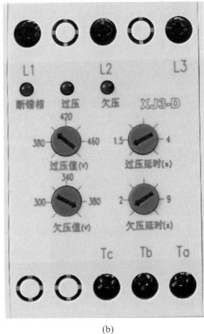

(b)

图 2-47 XJ3 系列断相和相序综合保护器外形

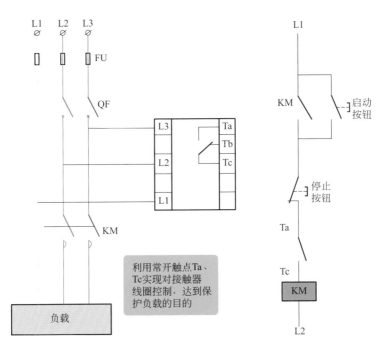

图 2-48 正泰 XJ3 系列断相和相序综合保护器接线

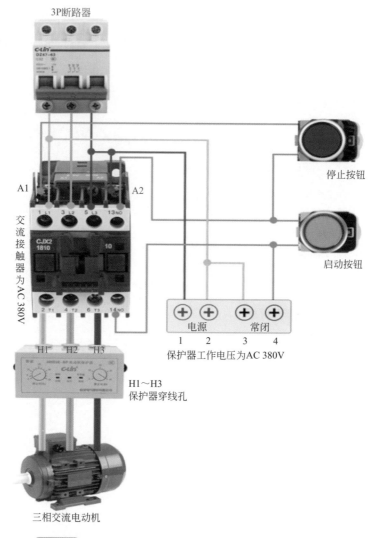

3P断路器

停止按钮

A1 A2

交流接触器为AC 380V

启动按钮

电源 常闭

1 2 3 4

保护器工作电压为AC 380V

H1 H2 H3

H1～H3
保护器穿线孔

三相交流电动机

图2-49 欣灵 HHD3E-BP 电动机断相和相序综合保护器实物接线

对断相和相序综合保护器的精简理解：

❶ 断相和相序综合保护器用途：断相保护器是为了保护电机，相序保护器是为了防止相线之间调换位置改变相序。

❷ 断相保护器一般用在三相电机电路上，如果缺少一相，电机扭力会变小，转子转速会下降，从而导致其他两路电流增大，烧毁电机绕组。其基本原理可以理解为：对电机三相电源进行监测，假如有断相情况，自动切断电源，避免烧毁电机绕组。

❸由于电源相序接反后反转会导致事故或设备损坏，如电梯、中央空调、行吊和电机等的损坏，电源在维修后相序出错会导致事故的发生，必须在控制回路接入相序保护器，保证相序无误。

❹断相和相序综合保护器接线：三相电源依次接入保护器的 U、V、W（有的是 R、S、T 或 L1、L2 、L3）三个接线点，相序保护器的辅助触点一般有一常开一常闭触点。接入控制回路中，具体接常开还是常闭触点根据控制原理或者接线图来接，当相序错误或者缺相的时候，断相和相序综合保护器的辅助触点动作，常开变常闭，常闭变常开。

第八节　常用开关类低压电器断路器

一、常用开关类低压电器断路器的结构

常用断路器外形如图 2-50 所示。

(a) 正泰DZ158 1P

(b) 施耐德A9 2P

(c) 正泰NXBE-63 3P

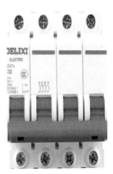
(d) 德力西DZ47 4P

(e) 正泰塑壳断路器NXM-125

(f) 施耐德断路器CVS100N

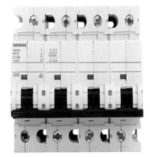
(g) 西门子4P125A

图 2-50　常用断路器外形

常用断路器外部结构和各部分作用（以施耐德 1PC20 断路器为例）如图 2-51 所示。

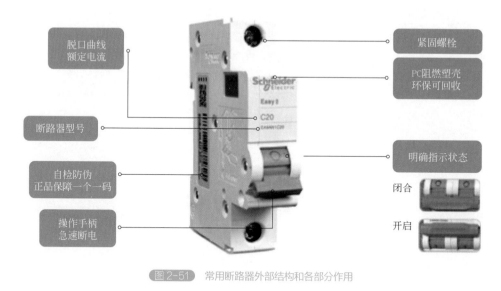

脱口曲线
额定电流

紧固螺栓

PC阻燃塑壳
环保可回收

断路器型号

明确指示状态

自检防伪
正品保障一个一码

闭合

操作手柄
急速断电

开启

图 2-51　常用断路器外部结构和各部分作用

二、低压断路器 1P/2P/3P/4P 分类

1P 也叫单极，接线头只有一个，仅能断开一根火线，这种单极开关适用于控制一相火线线路；2P 也叫双极或两极，接线头有两个，一个接火线，一个接零线，这种开关适用于控制一火线一零线线路；3P 也叫三极，接线头有三个，三个都接火线，这种开关适用于控制三相 380V 电压线路；4P 也叫四极，接线头有四个，其中三个接火线，一个接零线，这种开关适用于控制三相四线制线路。如图 2-52 所示。

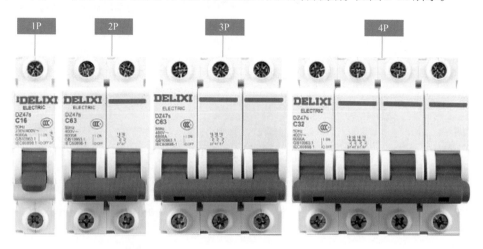

图 2-52　德力西 DZ47 断路器 1P/2P/3P/4P 实物图

　　对于断路器命名，通常 P 代表极数，N 代表零线。2P 代表小型断路器的两极，都具有热磁保护功能，宽度为 36mm；而 1P+N，只有火线热磁保护功能，N 极没有热磁保护功能，但会与火线同时断开，宽度为 18mm，所以 1P+N 比 2P 更加经济，1P 和 1P+N 比 2P 少一个位置，在相同大小的空间，可以多接出几条支路。通常，总开关可以选用 2P 断路器，照明回路使用 1P 或 1P+N 小型断路器，插座回路使用 1P 或 1P+N 漏电保护断路器，大功率插座 (16A 三孔插座) 使用 2P 漏电保护断路器，这些在安装时应在保证安全的情况下灵活选用。

三、断路器单极（1P）、双极 (2P)、三极 (3P)、四极 (4P) 安装和使用中的区别

　　1P 断路器可以断开火线，安装时占 1 位；2P 断路器零线、火线都可以断开，占 2 个位置；1P+N 漏电保护器只断开火线 (接线时零线、火线不能接反)，零线不断开，占 2.5 ～ 3 个位置；2P 漏电保护器火线零线都可以断开，占 3.5 ～ 4 个位置；3P 断路器可以断开 A、B、C 三相电源，占 3 个位置；4P 断路器占 4 个位置，可以断开 A、B、C 三相火线电源和零线 N 电源。其实物安装如图 2-53 所示。

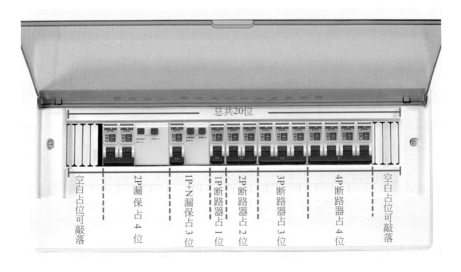

图 2-53　断路器单极（1P）、双极 (2P)、三极 (3P)、四极 (4P) 安装

四、家装断路器的选择

　　在日常生活中，选择断路器时通常要把电功率换算成电流，计算公式是：已知电器功率 / 电压 = 电流。

　　断路器需要和电线、电器功率配套，否则，容易出现跳闸、接线柱烧毁等情况。

可参考表2-1和表2-2进行选择，具体以实际需求为准。

表2-1　断路器电流与电线配套参考表

项目	规定电流 /A	铜芯线 /mm	负载功率 /W	使用场景
1	1～5	<1	<1000	小功率设备
2	6	≥1	≤1320	照明
3	10	≥1.5	≤2200	照明
4	16	≥2.5	≤3520	照明插座；1～1.5 匹空调
5	20	≥2.5	≤4400	卧室插座；2 匹空调
6	25	≥4	≤5500	厨卫插座；2.5 匹空调
7	32	≥6	≤7040	厨卫插座；3 匹空调；3kW 快速热水器
8	40	≥10	≤8800	6kW 快速热水器；电源总闸
9	50	≥10	≤11000	电源总闸
10	63	≥16	≤13200	电源总闸
11	80	≥16	≤17600	电源总闸
12	100	≥25	≤22000	电源总闸
13	125	≥35	≤27500	电源总闸

表2-2　断路器电流与电器功率配套参考表

项目	空调功率	断路器电流 /A
1	1 匹≈750W	10
2	1.5 匹≈1250W	16
3	2 匹≈1500W	20
4	2.5 匹≈1875W	25
5	3 匹≈2250W	32
6	3.5 匹≈2625W	40

注：
断路器选型计算公式为：空调功率 ×3（瞬间启动电流大）/ 电压 220V= 断路器电流。

五、断路器断开后合不上的原因分析

断路器跳闸经常会遇到。有些时候断路器跳闸，只要手动合闸即可。但最让人头疼的是断路器频繁跳闸，合上闸过一会儿又跳了，这里来详细分析断路器跳闸的原因。

正泰断路器安装如图 2-54 所示。

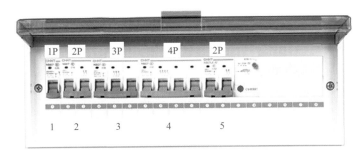

图 2-54　正泰断路器安装

1. 漏电跳闸

家用断路器的跳闸原因是很好判断的，如图 2-54 所示，断路器跳闸后，5 号漏电保护器红色的复位按钮突出，就可断定为电路中有漏电现象。

解决办法：将家中插座上的电器逐一拔下，灯逐一关掉，每拔下来一个就合闸一次，如果不再跳闸，证明该用电器内部有接地或漏电，更换即可。

假如所有用电设备均已拔下，漏电保护器依然跳闸，则证明该断路器下级回路内有漏电。这时可以用兆欧表测量哪根线接地形成的漏电，更换该级电源线或插座即可。

2. 超负荷跳闸

电路中的负荷过大，会引发断路器过载保护，从而引起跳闸。如果是普通的断路器跳闸（图 2-54 中 1、2、3 号断路器），或漏电保护器（图 2-54 中 5 号漏电保护器）跳闸后复位按钮没有突出，即可判断为超负荷跳闸，如下列情形：

❶ 电路中有大功率设备，如电烤箱、电磁炉、空调、热水器等，安装时断路器选型较小。

❷ 断路器下用电负荷过多，比如一个插排插多个大功率用电器，造成总电流过高。

解决办法：如果电路中负荷过大，会造成线路发热，从而烧毁线路或电器，还会造成火灾事故。如果确定是由电路中过载造成断路器跳闸，可以更换大一个级别的断路器解决（如用 32A 断路器代替原来 25A 断路器）。

提示：在更换断路器之前，切记要检查、确定该回路电源线的截面积。如果用过细的电源线匹配较大电流的断路器，则会造成断路器起不到保护作用而发生火灾。

3. 短路跳闸

短路跳闸很好判断，如断路器合闸后马上跳闸并伴随"啪"的火花产生，拔下所有插座上的用电器之后还是如此，那就是该回路中有短路现象。短路跳闸必须找出故障点方能再次合闸，否则极易造成事故。这一点大家要切记。

六、断路器 1P+N、2P、3P+N、4P 实物对照接线

断路器 1P+N、2P、3P+N、4P 实物对照接线如图 2-55 所示。

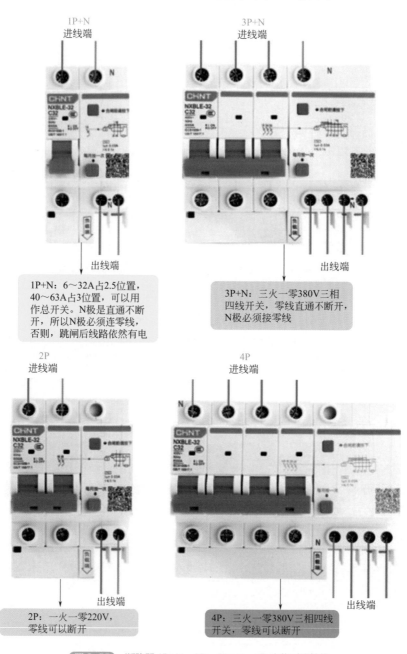

1P+N：6～32A占2.5位置，40～63A占3位置，可以用作总开关。N极是直通不断开，所以N极必须连零线，否则，跳闸后线路依然有电

3P+N：三火一零380V三相四线开关，零线直通不断开，N极必须接零线

2P：一火一零220V，零线可以断开

4P：三火一零380V三相四线开关，零线可以断开

图 2-55　断路器 1P+N、2P、3P+N、4P 实物对照接线

七、低压断路器分级控制实物接线

随着配电的级数下降，各级断路器的额定电流和短路电流呈分级下降。在安装配电箱的过程中就是按照串联断路器的保护特性，一般下一级断路器额定电流要小于上一级断路器额定电流，同时按照电流选择性进行接线组装。如图 2-56 所示是某公司车间现场墙壁配电箱接线，第一级保护采用 C63A 4P 断路器，第二级保护使用 C40A 漏电保护器，第三级保护使用 C16A 和 C32A 及 C10A 断路器，分别用于 220V 烘干箱和车间办公室空调及临时灯具的保护。其中第三级的烘干箱、空调采用 2P 断路器进行保护，临时灯具采用 1P 断路器断开火线进行保护。

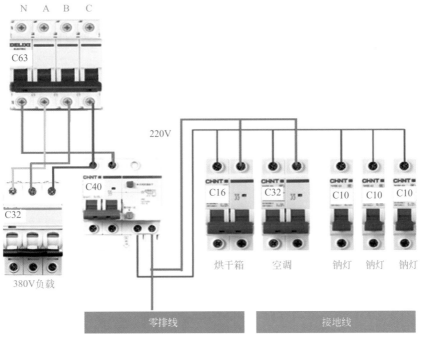

图 2-56　车间内配电箱断路器正确接线

 需要掌握的低压断路器和漏电保护器选型知识：

使用低压断路器来实现短路保护优点比熔断器多，主要是由于熔断器在三相电路短路时，只会引起一相电路的熔断器熔断，造成断相运行。而对于低压断路器来说，在实际使用中只要造成短路都会使开关跳闸，这时，会将三相电路同时切断，从而保护了设备。另外，低压断路器的功能相当于刀闸开关、过电流继电器、失压继电器、热继电器及漏电保护器等电器部分或全部的功能总和，所以低压断路器是低压配电网中一种重要部件。低压断路器在选型中需要注意以下几点：

❶ 低压断路器的极限通断能力应大于或等于电路最大的短路电流。

❷ 欠电压脱扣器的额定电压等于线路的额定电压。

❸ 低压断路器的额定电流和额定电压应大于或等于线路、设备的正常工作电流和工作电压。

❹ 过电流脱扣器的额定电流大于或等于线路的最大负载电流。

❺ 漏电保护器的级数应按线路特征选择，单相线路选用二级保护器，仅带三相负载的三相线路可选择三级保护器，动力与照明合用的三相四线线路和三相照明线路必须选用四级保护器。

❻ 一般来说，干线的漏电保护器动作电流值和支线上的漏电保护器动作电流值之和不能很接近，否则，可能使几个支线的不动作电流之和大于干线的不动作电流值，使干线上漏电保护器误动作，两者之间就失去了选择性。

❼ 理论上讲漏电保护器的额定脱扣电流值选择得越小越好，但受正常泄漏电流的制约，漏电保护器的额定脱扣电流值选择不能太小。

第九节　刀开关

一、常用刀开关

刀开关俗称闸刀开关、板闸或隔离开关，是广泛使用的一种低压电器。

刀开关在电路中的用途是：

❶ 隔离电源，以确保电路和设备维修的安全（具有明显断点）。

❷ 分断负载，如不频繁地接通和分断小容量的低压电路或直接启动 3kW 以下电机。

刀开关以熔断体作为动触头的，称为熔断器式刀开关，简称刀熔开关。刀开关结构及外形如图 2-57 所示。

刀开关控制电机

(a) 熔断器式刀开关外形

(b) 刀开关HK2外形

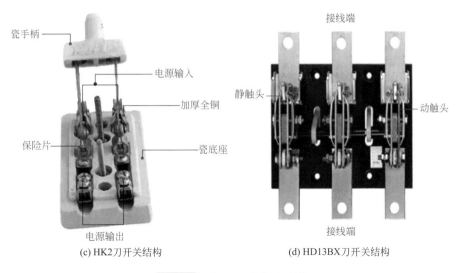

瓷手柄

电源输入

加厚全铜

保险片

瓷底座

电源输出

(c) HK2刀开关结构

接线端

静触头

动触头

接线端

(d) HD13BX刀开关结构

图 2-57　常用刀开关外形和结构

二、隔离开关与断路器实物接线

在电力配电系统中大多是断路器和隔离开关共同使用，其中，使用断路器接通或断开负荷（故障）电流，而用隔离开关形成明显断开点。如图 2-58 所示。

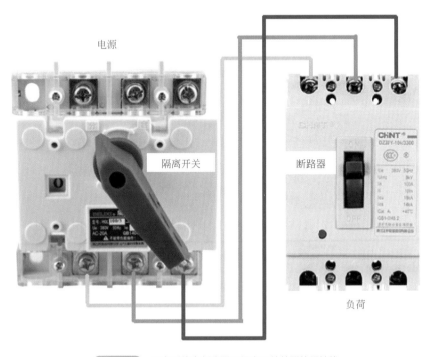

电源

隔离开关

断路器

负荷

图 2-58　配电系统中断路器和隔离开关共同使用接线

刀开关使用切记：

　　刀开关作电源隔离开关使用时，合闸顺序是先合上刀开关，再合上其他控制负载的开关电器。分闸顺序则相反，要先控制负载的开关电器分闸，然后再让刀开关分闸。

第十节　组合开关与万能转换开关

一、HZ 系列组合开关

　　HZ 系列组合开关适用于交流 50Hz、380V 以下的电源接入，常用在小容量电动机直接启动，电动机正、反转控制等电路中。

　　HZ 系列组合开关外形如图 2-59 所示。它由多节触头组合而成，故又称组合开关。

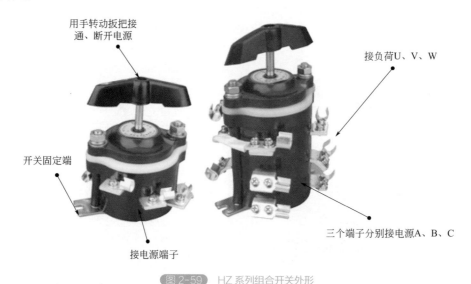

用手转动扳把接通、断开电源

接负荷U、V、W

开关固定端

三个端子分别接电源A、B、C

接电源端子

图 2-59　HZ 系列组合开关外形

二、组合开关的选用

　　组合开关是一种体积小、接线方式多、使用非常方便的开关电器。选择组合开关时应注意以下几点。如图 2-60 所示。

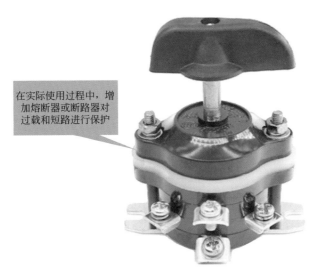

在实际使用过程中，增加熔断器或断路器对过载和短路进行保护

图 2-60　组合开关选择

❶ 组合开关应根据用电设备的电压等级、容量和所需触头数进行选用。组合开关用于一般照明、电热电路时，其额定电流应等于或大于被控制电路中各负载电流的总和；组合开关用于控制电动机时，其额定电流一般取电动机额定电流的 1.5 ～ 2.5 倍。

❷ 组合开关本身是不带过载保护和短路保护的。如果需要这类保护，就必须另设其他保护电器。

❸ 组合开关接线方式很多，应能够根据需要，正确地选择相应规格的产品。

三、万能转换开关

1. 用途

万能转换开关，主要适用于交流 50Hz、额定工作电压 380V 及以下、直流电压 220V 及以下、额定电流至 160A 的电气线路中。万能转换开关主要用于各种控制线路的转换，电压表、电流表的换相测量控制，配电装置线路的转换和遥控等。同时，万能转换开关还可以用于直接控制小容量电动机的启动、调速和换向。

2. 外形结构

万能转换开关外形结构如图 2-61 所示，主要由手柄、面板、开关体、接线端子等组成。

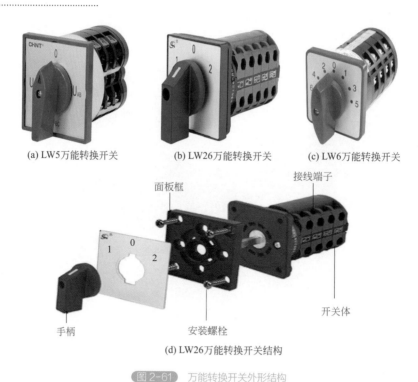

(a) LW5万能转换开关　　(b) LW26万能转换开关　　(c) LW6万能转换开关

(d) LW26万能转换开关结构

图2-61　万能转换开关外形结构

四、万能转换开关及接线

　　万能转换开关由很多层触头底座叠装而成（1～20节），每层触头底座内装有一副（或三副）触头和一个装在转轴上的凸轮，操作时，手柄带动转轴的凸轮一起旋转，凸轮就可接通或分断触头，如图2-62所示。由于凸轮的形状不同，当手柄在不同的操作位置时，触头的分合情况也不同，从而达到换接电路的目的。

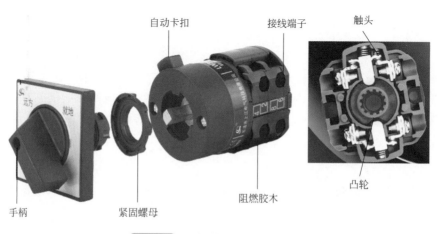

图2-62　万能转换开关多层触头结构

快速掌握万能转换开关接线技巧：

　　万能转换开关在电气原理图中的图形及符号如图2-63所示，图中"-○○-"代表一路触头，而每一根竖的点画线表示手柄位置，在某一个位置上哪一路接通，就在下面用黑点"·"表示。

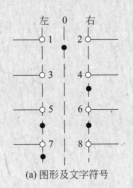

(a) 图形及文字符号

	位置		
触头	左	0	右
1-2		×	
3-4			×
5-6	×		×
7-8	×		

(b) 触头接线表

万能转换开关的检测

图 2-63　万能转换开关接线图

❶ 在零位时，1-2触头闭合。
❷ 往左旋转，触头5-6、7-8闭合。
❸ 往右旋转，触头3-4、5-6闭合。

五、配电柜万能转换开关测量三相相电压接线

　　采用LW5万能转换开关测量三相相电压，其接线如图2-64所示，触头位置如表2-3所示。

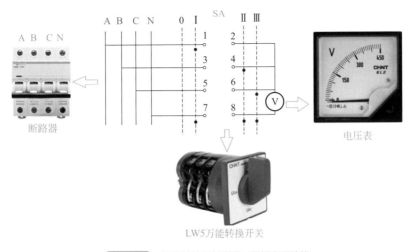

断路器

电压表

LW5万能转换开关

图 2-64　万能转换开关测量三相相电压接线

表2-3　触头位置

电压	位置	触头号			
		1-2	**3-4**	**5-6**	**7-8**
0	0				
U_{AN}	I	×			×
U_{BN}	II		×		×
U_{CN}	III			×	×

第十一节　行程开关

一、常用行程开关

常用行程开关的外形如图 2-65 所示。

行程开关的检测

图 2-65　常用行程开关的外形

行程开关（又称限位开关）的作用与按钮相同，只是其触头的动作不是靠手动操作，而是利用生产机械某些运动部件的碰撞使其触头动作来实现接通或分断某些电路，使之达到一定的控制要求。

二、行程开关的动作原理

行程开关的结构和动作原理如图 2-66 所示。当运动机械的挡铁撞到行程开关的滚轮上时，传动杠连同转轴一起转动，使凸轮推动撞块，当撞块被压到一定位置时，推动微动开关快速动作，使其常闭触点断开、常开触点闭合；当滚轮上的挡铁移开后，复位弹簧就使行程开关各部分恢复原始位置。这种单轮自动恢复的行程开关是依靠自身的复位弹簧来复原的。

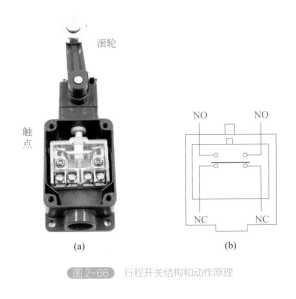

(a)　　　　　　　　　(b)

图 2-66　行程开关结构和动作原理

三、行程开关接线

❶ 行程开关在电气原理图中的符号（如图 2-67 所示）。

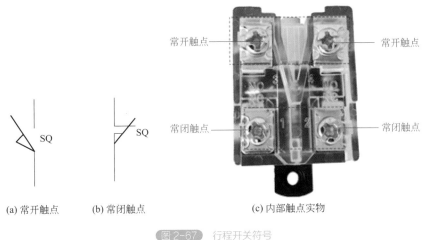

(a) 常开触点　　　(b) 常闭触点　　　(c) 内部触点实物

图 2-67　行程开关符号

行程开关根据动作要求和触点的数量来选择。

❷ 行程开关接线（对于常开和常闭触点，生产厂家不同数字标示有差异）如图 2-68 所示。NO 为常开触点，NC 为常闭触点，请勿接反或接错。

(a) 行程开关外形

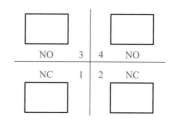

(b) 行程开关结构图

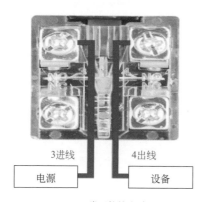

(c) 常开接线方式

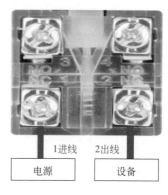

(d) 常闭接线方式

图 2-68 行程开关接线

 企业常用电动葫芦断火限位器接线：

　　断火限位器是电动葫芦上升、下降行程的保护装置，可以限制钢丝绳在一定的范围内工作。天车电动葫芦断火限位器接线见图 2-69。

　　断火就是断掉电机进电的火线。当达到调节点时，断火限位器工作，断掉相应方向的电机输入电源，向上可以防止吊钩冲顶，向下可以防止钢丝逆转。断火限位器实际上是行程开关的一种，电动葫芦的钢丝绳卷筒上有一个能随绳圈数轴向移动的导绳器，正是它带动导杆在吊钩升到一定程度时使行程开关断开，切断起升电机电源，防止发生事故。

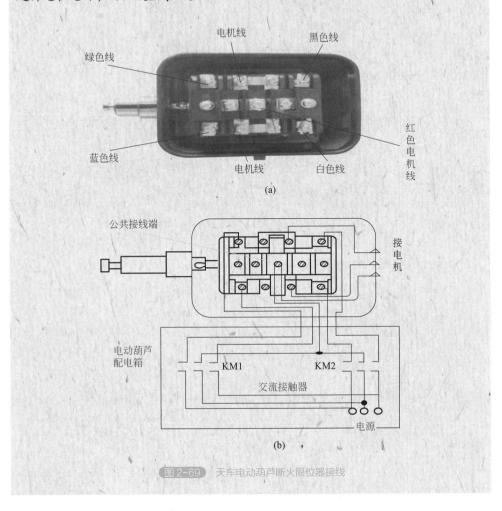

图2-69　天车电动葫芦断火限位器接线

第十二节　电源指示灯

一、常用电源指示灯

电源指示灯可用颜色：红、黄、绿、蓝和白色。指示灯选色原则：指示灯被接通，通过指示灯发光所反映的信息来选色。注意：单靠颜色不能表示操作功能或运行状态时，需要在元器件上或元器件旁增加必要的图形或文字符号。电源指示灯外形如图2-70所示。

图 2-70　电源指示灯外形

二、配电箱电源指示和设备运行指示灯接线

配电箱电源指示和设备运行指示灯接线如图 2-71 所示。

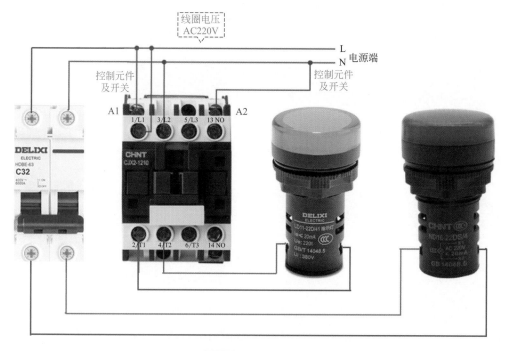

图 2-71　指示灯接线

三、配电柜三相电源指示灯接线方法

配电柜基本是采用三相四线的接线方法，用三根火线按照 A、B、C 相，每一根接一个 LED 电源指示灯火线端，三只指示灯零线端并联接到断路器 N 端（零线作为三个指示灯公共端）。如图 2-72 所示。

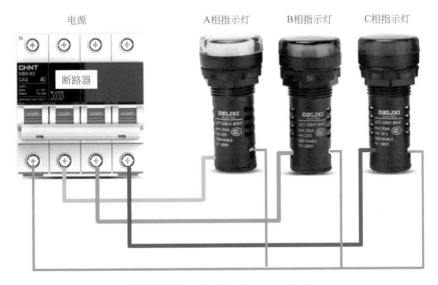

图 2-72 配电柜三相电源指示灯接线

第十三节 接近开关

一、常用接近开关

接近开关是一种无需与运动部件进行机械直接接触就可以操作的位置开关。当物体进入接近开关的感应区时，不需要机械接触及施加任何压力即可使接近开关动作，从而驱动直流电器或给计算机（PLC）装置提供控制指令。

接近开关是理想的电子开关量传感器。当被检测物体进入接近开关的感应区域时，接近开关就能无接触、无压力、无火花地迅速发出电气指令，准确反映出运动机构的位置和行程，即使用于一般的行程控制，其定位精度、操作频率、使用寿命、安装调整的方便性和对恶劣环境的适应能力，也是一般机械式行程开关所不能相比的。所以，接近开关广泛地应用于机床、冶金、化工、轻纺和印刷等行业。在自动控制系统中接近开关可作为限位、计数、定位控制和自动保护环节等。

常用接近开关外形如图 2-73 所示。

(a) U12A3-4电感式接近开关　　　　　　(b) SN04-N方形接近开关

(c) 方形电容式接近开关　　　　　　(d) M8电容式接近开关

图 2-73　常用接近开关外形

二、电感式接近开关工作原理

导电物体在移近能产生电磁场的接近开关时，使物体内部产生涡流，这个涡流反作用于接近开关，使开关内部的电路参数发生变化，由此识别出有无导电物体移近，进而控制接近开关的通或断。注意：这种接近开关能检测的物体必须是导电体。

其工作原理：电感式接近开关是由振荡器、开关电路及放大输出电路三大部分组成。振荡器产生一个交变磁场，当金属目标接近这一磁场，并达到感应距离时，在金属目标内产生涡流，从而导致振荡器振荡衰减，直至停振。振荡器振荡及停振的变化被后级放大电路处理并转换成开关信号，触发、驱动控制器件，从而达到非接触式的检测目的。如图 2-74 所示。

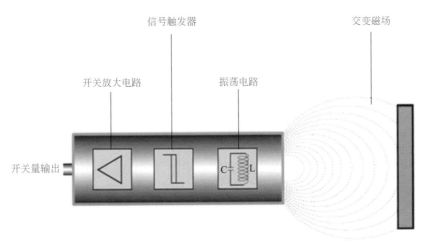

信号触发器

交变磁场

开关放大电路

振荡电路

开关量输出

C L

接近开关感应表面

金属材质材料

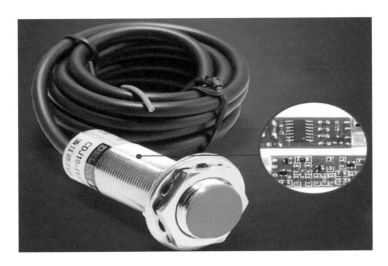

图 2-74 电感式接近开关工作原理示意图

三、电容式接近开关工作原理

电容式接近开关是由高频振荡器和放大器等组成，由开关的检测面与大地间构成一个电容器，参与振荡回路工作，起始处于停振状态。当物体到达接近开关检测面时，回路的电容量发生变化，使高频振荡器振荡。振荡与停振这二种状态转换为电信号，经放大器转换成二进制的开关信号。如图 2-75 所示。

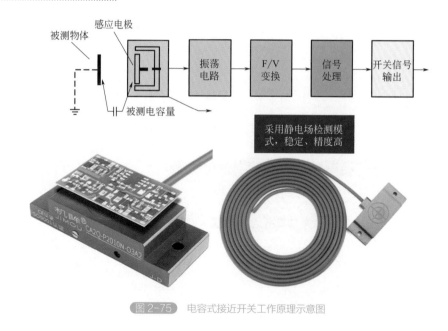

图 2-75　电容式接近开关工作原理示意图

四、光电接近开关工作原理

光电接近开关也称光电开关，它是利用被检测物对光束的遮挡或反射，由同步回路接通电路，从而检测物体。物体不限于金属，所有能反射光线的物体均可被检测。如图 2-76 所示。

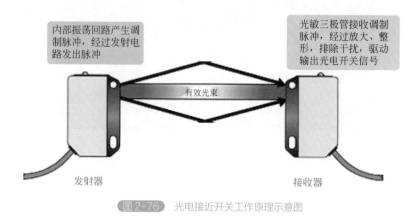

图 2-76　光电接近开关工作原理示意图

五、常开型接近开关和常闭型接近开关的区别

❶ 当接近开关没有动作时（感应部分没被遮挡），常开型接近开关是断开的，常闭型接近开关是闭合的（见图 2-77）。

❷ 当接近开关动作时（感应部分被遮挡），常闭型接近开关是断开的，常开型接近开关是闭合的。

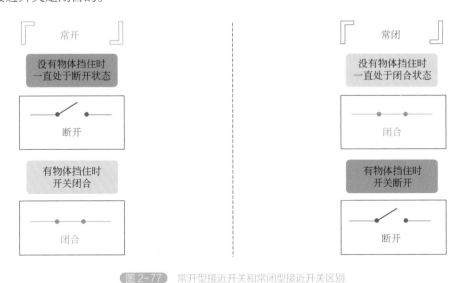

图 2-77　常开型接近开关和常闭型接近开关区别

六、接近开关安装中埋入式和非埋入式的区别

接近开关安装中埋入式和非埋入式区别如图 2-78 所示。

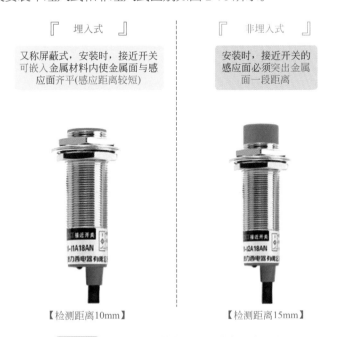

图 2-78　接近开关安装中埋入式和非埋入式区别

七、常用接近开关 NPN 型和 PNP 型的区别

常用接近开关 NPN 型和 PNP 型区别如图 2-79 所示。

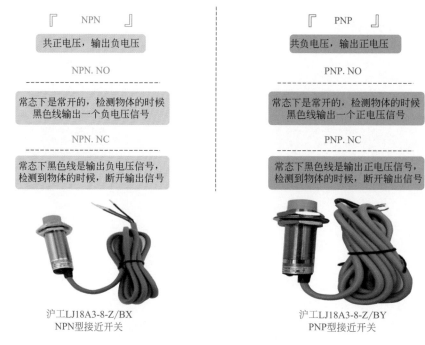

『 NPN 』

共正电压，输出负电压

NPN. NO

常态下是常开的，检测物体的时候
黑色线输出一个负电压信号

NPN. NC

常态下黑色线是输出负电压信号，
检测到物体的时候，断开输出信号

『 PNP 』

共负电压，输出正电压

PNP. NO

常态下是常开的，检测物体的时候
黑色线输出一个正电压信号

PNP. NC

常态下黑色线是输出正电压信号，
检测到物体的时候，断开输出信号

沪工LJ18A3-8-Z/BX
NPN型接近开关

沪工LJ18A3-8-Z/BY
PNP型接近开关

图 2-79　常用接近开关 NPN 型和 PNP 型区别

八、德力西电感式接近开关 CDJ10 接线

德力西电感式接近开关 CDJ10 接线如图 2-80 所示。

直径：12mm

感应距离：4mm

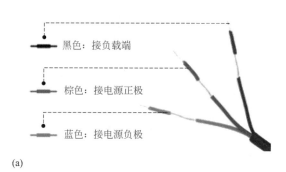

黑色：接负载端

棕色：接电源正极

蓝色：接电源负极

(a)

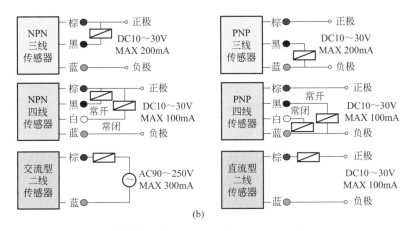

(b)

图 2-80　德力西电感式接近开关 CDJ10 接线

九、沪工 LJC18A3-B-Z/AY 电容式接近开关接线

沪工 LJC18A3-B-Z/AY 电容式接近开关接线如图 2-81 所示。

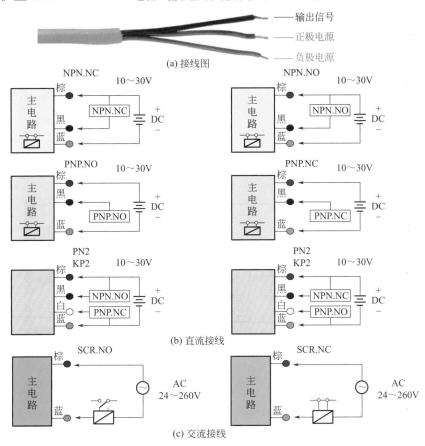

图 2-81　沪工 LJC18A3-B-Z/AY 电容式接近开关接线

十、E3FA-TN11 对射式光电开关接线

E3FA-TN11 对射式光电开关接线如图 2-82 所示。

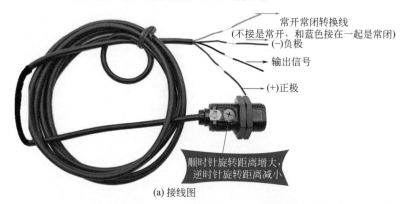

常开常闭转换线
(不接是常开，和蓝色接在一起是常闭)
(-)负极
输出信号
(+)正极

顺时针旋转距离增大，
逆时针旋转距离减小

(a) 接线图

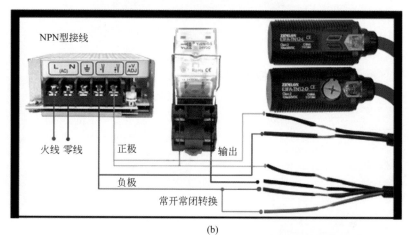

NPN型接线

火线 零线　　正极　　　　　　输出

负极

常开常闭转换

(b)

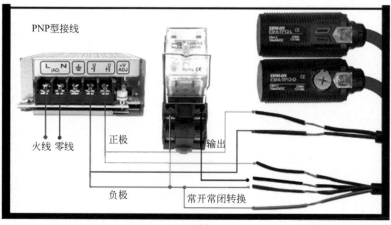

PNP型接线

火线 零线　　正极　　　　　　输出

负极　　　常开常闭转换

(c)

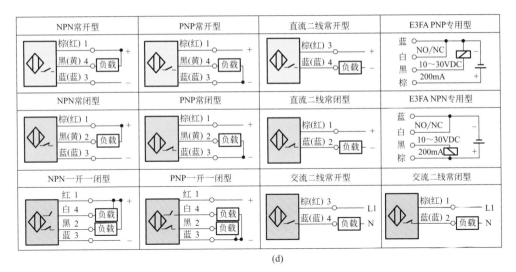

NPN常开型	PNP常开型	直流二线常开型	E3FA PNP专用型
棕(红) 1 / 黑(黄) 4 / 蓝(蓝) 3 / 负载 / + −	棕(红) 1 / 黑(黄) 4 / 蓝(蓝) 3 / 负载 / + −	棕(红) 3 / 蓝(蓝) 4 / 负载 / + −	蓝 白 黑 棕 / NO/NC / 10～30VDC / 200mA / + −
NPN常闭型	PNP常闭型	直流二线常闭型	E3FA NPN专用型
棕(红) 1 / 黑(黄) 2 / 蓝(蓝) 3 / 负载 / + −	棕(红) 1 / 黑(黄) 2 / 蓝(蓝) 3 / 负载 / + −	棕(红) 1 / 蓝(蓝) 2 / 负载 / + −	蓝 白 黑 棕 / NO/NC / 10～30VDC / 200mA / + −
NPN一开一闭型	PNP一开一闭型	交流二线常开型	交流二线常闭型
红 1 / 白 4 / 黑 2 / 蓝 3 / 负载 / 负载 / + −	红 1 / 白 4 / 黑 2 / 蓝 3 / 负载 / 负载 / + −	棕(红) 3 / 蓝(蓝) 4 / 负载 / L1 N	棕(红) 1 / 蓝(蓝) 2 / 负载 / L1 N

(d)

图 2-82 E3FA-TN11 对射式光电开关接线

十一、交流两线电感式接近开关实物接线

两线制电感式接近开关的接线方式比较简单，接近开关与负载串联后接到电源即可。注意：使用 DC 直流电源时，两线制接近开关需要区分，红（棕）线接电源正极、蓝（黑）线接电源负极，使用 AC 交流电源时则不需要区分。如图 2-83 所示。

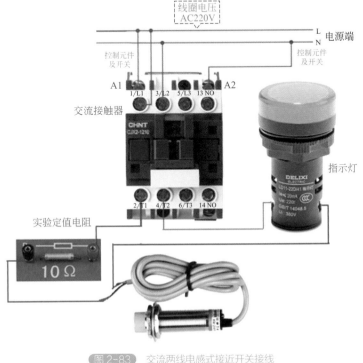

图 2-83 交流两线电感式接近开关接线

接近开关选型技巧：

❶ 接近开关类型的选择。检测金属时首先选用电感式（铁、钢、铜、铝等），检测非金属时优先选用电容式（塑料、水、纸等），检测磁信号时选用磁感式接近开关。

❷ 接近开关外观的选择。可根据实际需求来选择，如圆形、方形、凹槽形等。

❸ 检测距离的选择。根据需求选用，一般厂家说明书上会注明接近开关的检测距离，以 mm 为单位。

❹ 信号的输出选择。交流接近开关输出交流信号，而直流接近开关输出直流信号。特别注意：负载的电流一定要小于接近开关的输出电流，否则应添加转换电路。输出形态分为：常开（NO）、常闭（NC）。输出方式分为：两线式、三线式（NPN、PNP）等。

❺ 开关频率的选择。开关频率指接近开关每秒从"开"到"关"转换的次数。直流接近开关可达到 200Hz，交流接近开关只能达到 25Hz。

❻ 额定电压的选择。交流接近开关优选 AC 220V 和 AC 36V，直流接近开关优选 DC 12V 和 DC 24V。一般情况下，接近开关的电压选择范围很广。

Chapter 3

第三章

常用计量仪器接线及应用

第一节 电压表和电流表

一、电压表

电压表是测量电压的一种仪器。由永磁体、线圈等构成。电压表是个相当大的电阻，理想情况下认为是断路。直流电压表的符号为 V 下加一个 "_"，交流电压表的符号要在 V 下加一个波浪线 "～"。如图 3-1 所示。

(a) 指针式交流电压表42L6-450V

(b) 指针式直流电压表44C2

(c) 数字直流电压表ELE-DV31

(d) 数字交流电压表ELE-AV81

图 3-1 电压表外形

二、电流表

电流表是测量电流强度的仪器。读数以安、毫安或微安为单位的电流表，常称为安培表、毫安表或微安表。

直流电流表是指用来测量直流电路中电流强度的仪表。在需要测量较大电流时，可在表的两输入端并联上一定阻值的电阻，以扩大量程。

交流电流表是指用来测量交流电路中电流强度的仪表。交流电流表的内阻很小（常用交流电流表测量的是互感器次级的短路电流），对电路来说是短路的。交流电流表在测量小电流时可以直接使用（一般在 5A 以下），但现在的工厂电气设备的电流容量都较大，所以，大多与电流互感器一起使用。选择电流表前先要算出设备的额定工作电流，再选择合适的电流互感器，最后选择电流表。例如，设备为一台 60kW 电机，额定电流为 120A 左右，就要选择 150/5A 电流互感器，则电流表就要选择量程为 0 ～ 150A 的。

电流表外形如图 3-2 所示。

(a) 指针式交流电流表42L6-400A

(b) 数字交流电流表D85-240

(c) 数字直流电流表ELE-DA31

(d) 指针式直流电流表44C2

图 3-2　电流表外形

三、电压表接线

电压表并联到电源上。正极接电源的正极（或 L 极），负极接电源的负极（或 N 极）。如图 3-3 所示。

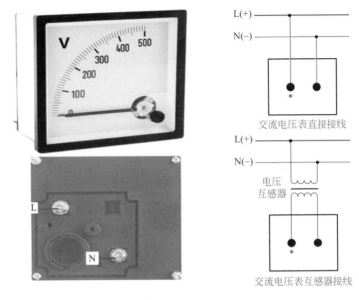

图 3-3　指针式电压表接线

四、电流表接线

电流表串联到电路里，正极接电源 L 极（或正极），负极接负载，负载再接电源 N 极（或负极）。通过电流互感器接入电流表的接法是：电流表接线柱接到互感器 S1、S2（S1、S2 需要同电源进线端 P1、P2 相对应）。如图 3-4 所示。

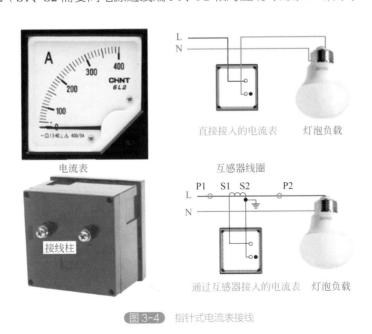

图 3-4　指针式电流表接线

五、指针式电压表和电流表联合接线

在实际操作中电压表和电流表联合接线技巧是：电压表并联在被测电源两端，电流表串联在电路中（必须有负载与电流表串联，否则会烧毁电流表）。如果是指针式的表，量程一定要在接线前选择正确，否则会打坏指针。如图3-5所示。

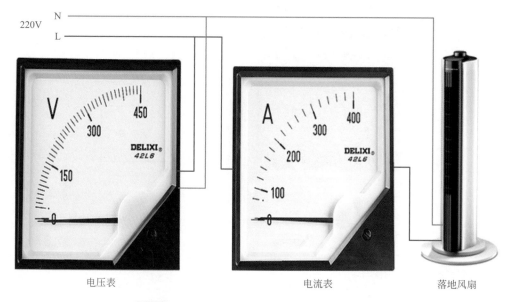

电压表　　　　　　　　　　　电流表　　　　　　　落地风扇

图3-5　指针式42L6电压表和电流表联合接线实物图

电压表和电流表接线区别：

❶ 电流表又叫安培表，用来测量电路中电流强度的大小。电流表接线时要注意：电流表要串联在电路中使用，电流表本身内阻非常小，所以，绝对不允许不通过任何用电器就直接把电流表接在电源两极，否则，会使通过电流表的电流过大，烧毁电流表。

❷ 电压表又叫伏特表，用来测量电路中电压的大小。电压表接线时要并联在电路中使用，电压表与哪个用电器并联，就测哪个用电器两端的电压。和电流表不同的是，电压表可以不通过任何用电器直接接在电源两极上，这时，测量的是电源电压。

❸ 串联电路电流定律：在串联电路中电流处处相等。

❹ 并联电路电流定律：在并联电路中，干路电流等于各支路电流之和。

❺ 在串联电路中，电路的总电压等于各部分电路电压之和。

❻ 在并联电路中，各支路两端的电压相等（也等于电源电压）。

第二节 电压互感器和电流互感器

一、电压互感器的工作原理

电压互感器结构与工作原理如图 3-6 所示，其作用是可扩大交流电压表的量程，将高电压与电气工作人员隔离，其工作原理与普通变压器空载情况相似。使用时，应把匝数较多的高压绕组跨接至需要测量电压的供电线路上，而匝数较少的低压绕组则与电压表相连。

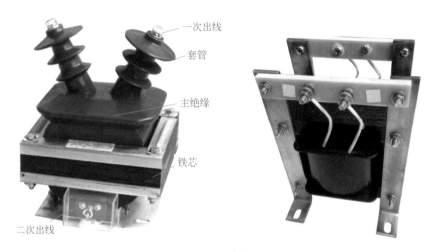

一次出线

套管

主绝缘

铁芯

二次出线

(a) 结构

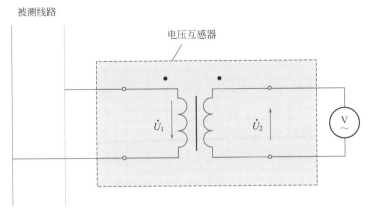

被测线路

电压互感器

$\dot{U}_1$　　$\dot{U}_2$

(b) 工作原理

图 3-6　电压互感器结构与工作原理

二、电流互感器的工作原理

1. 直接接入电流互感器的工作原理

电流互感器的结构较为简单，由相互绝缘的一次绕组、二次绕组、铁芯以及构架、壳体、接线端子等组成。其工作原理与变压器基本相同，一次绕组的匝数（N_1）较少，直接串联于电源线路中，一次负荷电流（I_1）通过一次绕组时，产生的交变磁通感应产生按比例减小的二次电流（I_2）；二次绕组的匝数（N_2）较多，与电流表、仪表、继电器等电流线圈的二次负荷串联形成闭合回路，由于一次绕组与二次绕组有相等的安培匝数即 $I_1N_1 = I_2N_2$，电流互感器实际运行中负荷阻抗很小，二次绕组接近于短路状态，相当于一个短路运行的变压器。如图 3-7 所示。

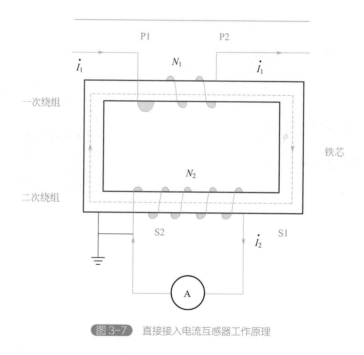

图 3-7　直接接入电流互感器工作原理

2. 穿心式电流互感器的工作原理

穿心式电流互感器本身结构不设一次绕组，载流导线由 P1 至 P2 穿过由硅钢片卷制成的圆形（或其他形状）铁芯，铁芯起一次绕组作用。二次绕组直接均匀地缠绕在圆形铁芯上，与电流表、继电器等电流线圈的二次负荷串联形成闭合回路。由于穿心式电流互感器不设一次绕组，其变比根据一次绕组穿过互感器铁芯中的匝数确定，穿心匝数越多，变比越小；反之，穿心匝数越少，变比越大。如图 3-8 所示。

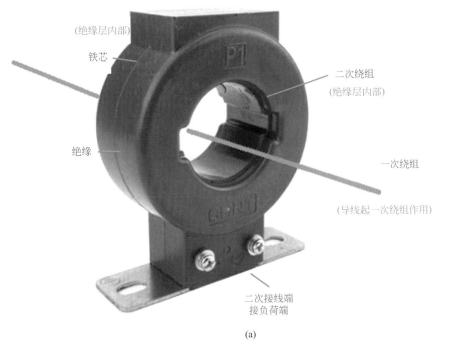

(绝缘层内部)

铁芯

二次绕组
(绝缘层内部)

绝缘

一次绕组

(导线起一次绕组作用)

二次接线端
接负荷端

(a)

100/5的电流互感器

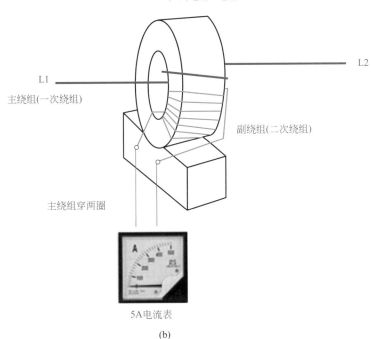

L1

L2

主绕组(一次绕组)

副绕组(二次绕组)

主绕组穿两圈

5A电流表

(b)

图 3-8 穿心式电流互感器工作原理

三、实际接线中电流互感器的选择

❶ 在实际应用中电流互感器的二次侧都是 5A 或 1A，所以，需要根据一次侧进行选择。

其经验做法是：为了保证电流互感器测量准确，电流互感器的额定电流应该大于实际额定电流的 1.2 ～ 1.5 倍。例如 50A 的额定电流，选择 100/5 的电流互感器比较好。

❷ 穿心式电流互感器一次匝和二次匝有个电流比的关系，例如 200/5 的互感器，穿 1 圈时为 200/5，电缆从孔中穿 2 圈则缩小 50% 的电流比，为 100/5。选择 100/5 或者 200/5 的电流互感器，主要是看对一次电流和对二次电流的精度要求以及电流互感器的容量要求等。如图 3-9 所示。

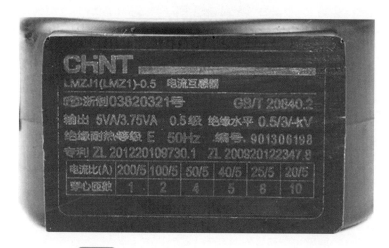

图 3-9　穿心式电流互感器一次匝和二次匝的电流比

> **注意：** 电流互感器上面 P1 为电源引进端，P2 为引出至负载端。S1、S2 为电流互感器的二次侧，是与电流表或电能表一起串联在电路回路中的。

❸ 电流互感器的二次负荷（包括电工仪表和继电器）所消耗的功率或阻抗值不应超过所选择的电流互感器准确度级相应的额定容量。

❹ 电流互感器接入电路时，应根据系统的运行方式和电流互感器的接线方式、安装空间位置确定电流互感器的型号和个数。

❺ 选择电流互感器时，还要根据电流互感器的用途正确选择其准确度级。电流互感器的准确度级一般分为 0.2、0.5、1.0、3.0 等四级，通常作实验室精密测量用选 0.2 级，计费测量用 0.5 级，变电所配电盘上的测量仪表用 1.0 级，一般指示仪表及继电保护则采用 3.0 级。

❻ 一定注意电流互感器二次侧严禁开路，二次侧严禁使用熔断器。

四、电流互感器一匝、二匝、三匝接线方法

电流互感器一次侧也标有 P1、P2 字样，一次侧从 P1 流入电流互感器的一次电流与从二次侧电流互感器 S1 端流出的电流相位是一致的，当接有方向性的仪表如电能表、功率表等时，一定要注意接线的极性，一次侧电流从 P1 到 P2，二次侧从 S1 到 S2。

穿心式电流互感器一匝、二匝、三匝接线如图 3-10 所示。

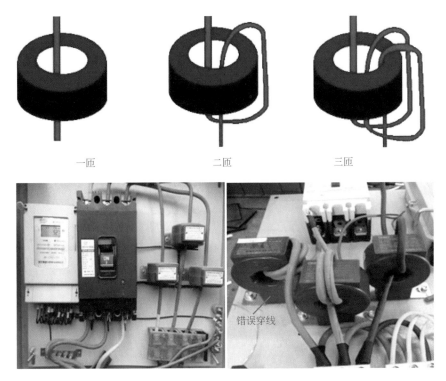

一匝　　　　　　　　二匝　　　　　　　　三匝

图 3-10　穿心式电流互感器一匝、二匝、三匝接线

五、电流互感器与电流表实物接线

❶ 使用三个电流互感器测量电流，如果是使用一块电流表显示，就需要使用万能转换开关的转换进行测量。

❷ 电流互感器与电流表连接时，如果是三个电流互感器接三块电流表，只要把电流互感器两端与电流表两端相连即可。但当接有方向性的仪表如电能表、功率表等时，一定要注意接线的极性，一次侧电流从 P1 到 P2，二次侧从 S1 到 S2。其接线如图 3-11 所示。

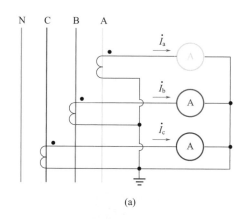

(a)

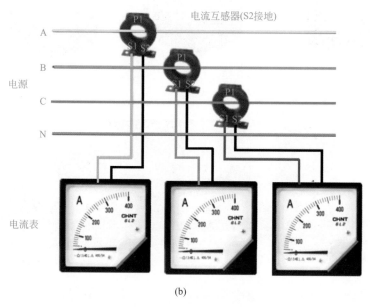

(b)

图 3-11　电流互感器与电流表接线

六、常用配电柜的电流互感器与电流表和电压表联合实物接线

　　电流互感器在电力系统中使用广泛，作用是将一次系统的高电压或大电流转换成低电压或小电流。电流互感器二次侧电流为 5A 或 1A，其中 5A 电流互感器使用得较多，电流互感器与电流表和电压表联合实物接线如图 3-12 所示。

　　在电路中，电压表并联在电源上。电流表常用接法是接在电流互感器上，电流互感器中间要穿过主电源，引出的两根线接在电流表上。注意接线时电流表和电流互感器比率要一致。

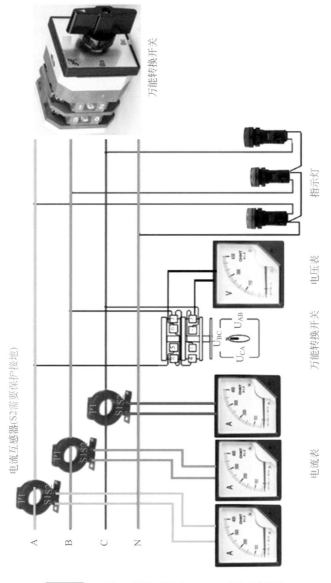

图 3-12 电流互感器与电流表和电压表联合实物接线

电压互感器和电流互感器接线技巧：

❶ 电压互感器二次侧不能短路。因为电压互感器一次绕组是与被测电路并联接于高压电网中，二次绕组匝数少，阻抗小，如发生短路，将产生很大的短路电流，有可能烧坏电压互感器，甚至影响一次侧电路的安全运行。

❷ 电流互感器二次侧不允许开路。因为电流互感器的一次绕组匝数很少，串

联在需要测量电流的线路中，因此，经常有线路的全部电流流过。二次绕组匝数比较多，串接在测量仪表和保护回路中。电流互感器在工作时，它的二次回路始终是闭合的，因此，测量仪表和保护回路串联线圈的阻抗很小，电流互感器的工作状态接近短路。

❸ 电流互感器二次侧开路的后果：

● 二次侧产生数千伏电压，高电压可能击穿电流互感器的绝缘，使整个配电设备外壳带电，也可能让检修人员触电，有生命危险。

● 铁芯突变饱和会使电流互感器的铁芯损耗增加，铁芯会发热，损坏电流互感器。

● 电流互感器铁芯饱和造成计量不准确。

第三节　电能表

一、单相电能表与漏电保护器的接线

❶ 电路原理　选好单相电能表后，应进行安装和接线。如图 3-13 所示，1、3 为进线，2、4 接负载，接线柱 1 要接相线（即火线），漏电保护器多接在电能表后端，这种电能表接线方式目前在我国应用最多。

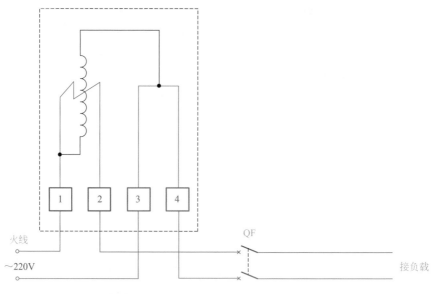

图 3-13　单相电能表与漏电保护器的接线示意图

❷ 电路接线组装 如图 3-14 所示。

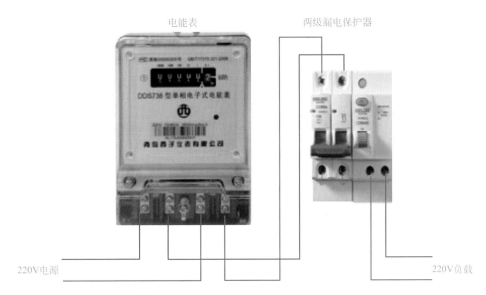

图 3-14 单相电能表与漏电保护器电路的接线组装

二、三相四线制交流电能表的接线电路

❶ 电路原理 三相四线制交流电能表共有 11 个接线端子，其中 1、4、7 端子分别接电源相线，3、6、9 是相线出线端子，10、11 分别是中性线（零线）进、出线接线端子。而 2、5、8 为电能表三个电压线圈接线端子，电能表电源接上后，通过连接片分别接入电能表三个电压线圈中，电能表才能正常工作。图 3-15 为三相四线制交流电能表的接线示意图。

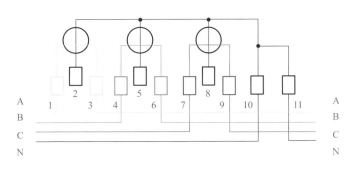

图 3-15 三相四线制交流电能表的接线示意图

❷ 电路接线组装 如图 3-16 所示。

三相四线制交流电能表

四级漏电保护器

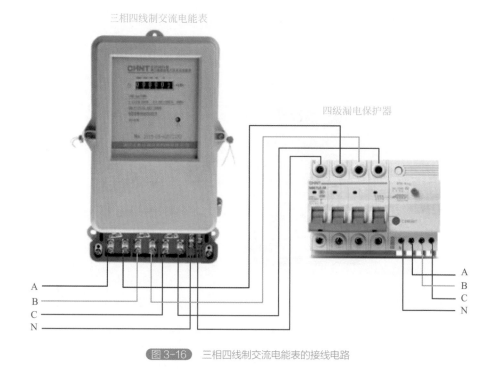

A
B
C
N

A
B
C
N

图 3-16　三相四线制交流电能表的接线电路

三、三相三线制交流电能表的接线电路

❶ 电路原理　三相三线制交流电能表有 8 个接线端子，其中 1、4、6 为相线进线端子，3、5、8 为相线出线端子，2、7 两个接线端子空着，目的是与接入的电源相线一起通过连接片得到电能表的工作电压，并接入电能表电压线圈中。图 3-17 为三相三线制交流电能表接线示意图。

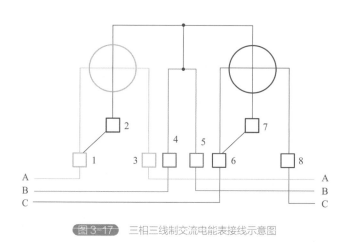

图 3-17　三相三线制交流电能表接线示意图

❷ 电路接线组装　如图 3-18 所示。

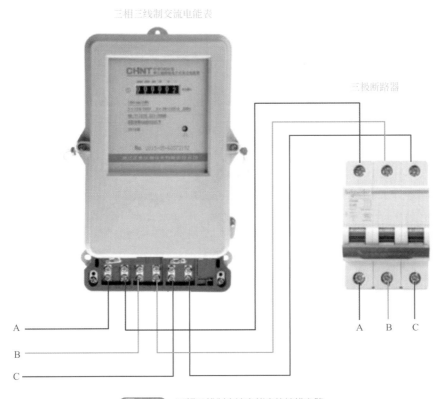

三相三线制交流电能表

三极断路器

A　B　C

A
B
C

图 3-18　三相三线制交流电能表的接线电路

四、互感器与电能表联合接线

❶ 电路原理　带互感器的三相四线制电能表是由一块三相电能表和三只规格相同、比率适当的电流互感器组成，以扩大电能表量程。

三相四线制电能表带互感器的接法：三只互感器安装在断路器负载侧，三相火线从互感器内穿过。互感器和电能表的接线如下：1、4、7 为电流进线，依次接互感器 U、V、W 相电互感器的 S1；3、6、9 为电流出线，依次接互感器 U、V、W 相电互感器的 S2 并接地；2、5、8 为电压接线，依次接 U、V、W 相电；10、11 端子接零线。

接线口诀是：电表孔号 2、5、8 分别接 U、V、W 三相电源，1、3 接 U 相电互感器，4、6 接 V 相电互感器，7、9 接 W 相电互感器，10、11 接零线。如图 3-19 所示。

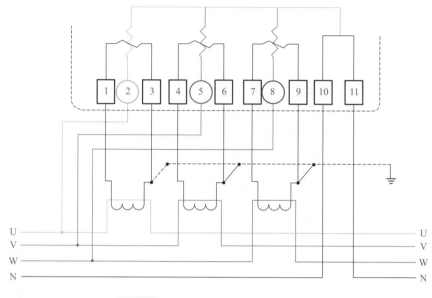

图 3-19　带互感器的三相四线制电能表接法

三相电能表中如 1、2，4、5，7、8 接线端子之间若有连接片时，应事先将连接片拆除。

❷ 电路接线组装　如图 3-20 所示。

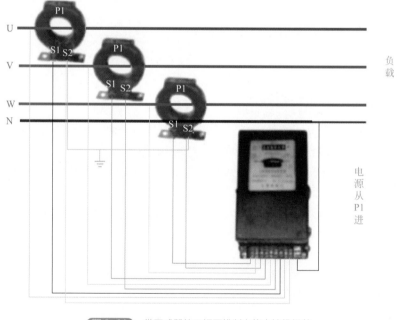

图 3-20　带互感器的三相四线制电能表接线组装

五、插卡式单相电能表接线

插卡式单相电能表接线方式和普通电能表一样，都是 1、3 进，2、4 出。如图 3-21 所示。

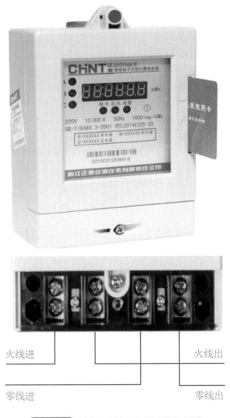

图 3-21　插卡式单相电能表实物接线

六、GPRS 预付费物业抄表远程智能电能表接线

GPRS 预付费物业抄表远程智能电能表内置 4G 或 5G 通信模块，利用远程抄表软件可以通过电脑端和手机端实现对数据的查询，并可使用微信直接缴费。支持远程停送电电表即远程拉合闸电表，并支持远程允许送电、本地按键送电等功能。预付费抄表系统有效地解决了物业公司的各种难题，提高了工作效率。

GPRS 预付费物业抄表远程智能电能表内置集成的表头采集器、采集板，即采集模块采集计量数据后，通过如 RS485 接口线、电力载波、微功率信号的方式传输到一个集中器，再通过以上三种方式或者 GPRS、CDMA、网线等传送到集中预付费远程抄表系统中（一般为数据库服务器），这样就完成了智能电能表采集读数到集中器，再到远程抄表系统，再到用户预缴费查询，从而使智能电能表管理方在远程管理系统后台可以远程控制任何一户的电能表的通断以及远程抄表、远程充值、控制修改电价等。GPRS 预付费物业抄表远程智能电能表接线如图 3-22 所示。

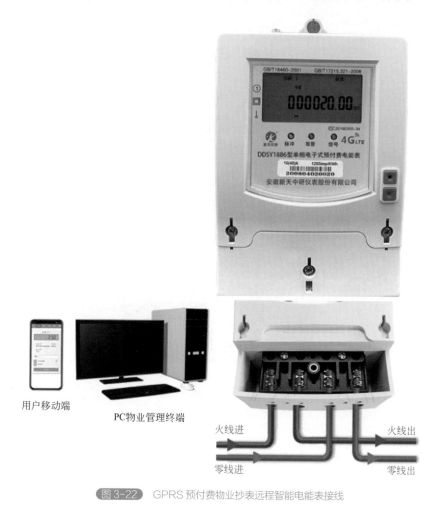

用户移动端

PC物业管理终端

火线进　　　　　　　　火线出

零线进　　　　　　　　零线出

图 3-22　GPRS 预付费物业抄表远程智能电能表接线

七、三相四线多功能电能表接线

DTSD986 型三相四线多功能电能表外形如图 3-23 所示。

（1）计量功能

❶ 分时计量正向有功电能、反向有功电能、正向无功电能、反向无功电能，并存储其数据。

❷ 电量按总、尖、峰、平、谷分别累计、存储。

❸ 通信、时段切换、反复断电、上电都不影响电能表的计量准确性。

④ 电能表内能存储前 12 个月的历史数据。

⑤ 断电后，所有的存储数据不丢失，并能保存 10 年以上。

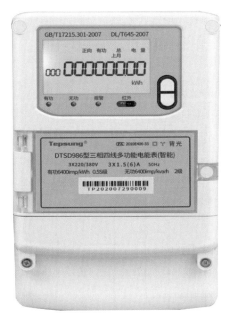

图 3-23　DTSD986 型三相四线多功能电能表外形

（2）输出功能

具有耦隔离有功和无功无源脉冲测试口输出功能（满足运动脉冲输出要求，脉宽为 80ms±20ms）。

（3）报警功能

❶ 缺相时，报警指示灯亮，液晶上相应的电压 U_a、U_b、U_e 符号指示消失，报警符号闪烁。

❷ 失流时，报警指示灯亮，液晶上相应的电流 I_a、I_b、I_e 符号指示消失，报警符号闪烁。

❸ 电池缺压时，报警指示灯亮，液晶上相应的电池符号指示闪烁。

（4）通信功能

可通过手持终端或 PC 机进行红外通信，完成编程的设置和抄表。通信时，通信符号亮，方便、直观、可靠。

（5）显示功能

❶ 采用宽温大液晶显示屏显示各类信息。

❷ 具有参数自动轮显功能，轮显时间为 5s，轮显项数据可设置，最多可设置 82 项。

❸ 具有停电按键轮显功能，显示时间同轮显时间，20s 后按键和液晶自动灭。

（6）三相四线多功能电能表互感器式接线

1、4、7 为电流进线，依次接互感器 A、B、C 相电互感器的 S1。3、6、9 为电流出线，依次接互感器 A、B、C 相电互感器的 S2。2、5、8 为电压接线，依次接 A、B、C 相电。10、11 端子接零线进线和出线。如图 3-24 所示。

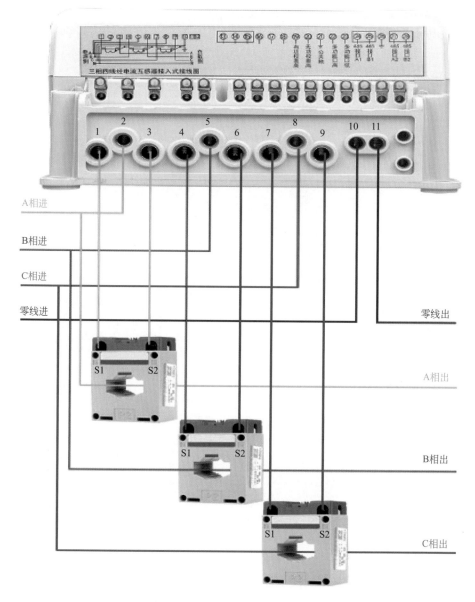

图 3-24　三相四线多功能电能表互感器式接线

三相四线多功能电能表直接式接线示意图如图 3-25 所示。1、3、5 为 A、B、C 三相电的进线端，2、4、6 为 A、B、C 三相电的出线端接负载，7、8 为零线的进线和出线。

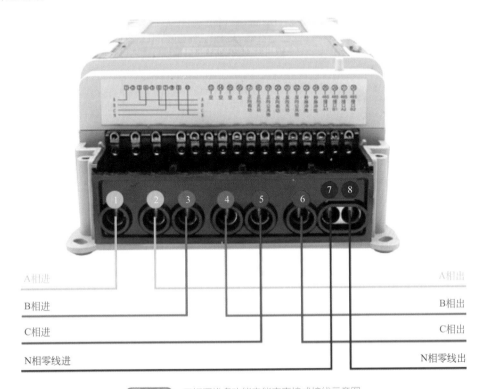

图 3-25　三相四线多功能电能表直接式接线示意图

🔌 电能表读数方法：

❶ 电能表用来测量一段时间内的耗电情况，电能表读数时需要查看电能表显示框中的读数位置，读数从前到后依次是万、千、百、十、个位，后面红色部分是小数点后面的数值，看表读数时通常不计算。如图 3-26 所示。

因为电能表显示读数的装置是一个累计计数器，现在所看到的这个数值是从电能表启用到现在的这段时间里的所有用电量，所以要想知道用了多少电，应该将这次读到的数值减去上个月读的数值，就可以知道这个月的用电量了。

❷ 预付费电能表读数：

a. 如果通电后，电能表说明都不显示，但是在用电，那插卡以后就会显示剩余电量。

b. 有的电能表是分为总用和剩余电量来回轮流显示，这样就看它总用或者剩余电量前面的小红点，小红点到哪里，就是显示哪里的电量。

c.有的可以直接看上面，上面液晶屏幕会直接用汉字显示剩余电量。

图 3-26 电能表读数

Chapter 4

第四章

常用照明电路及接线

第一节　插座和面板开关接线

一、家装五孔插座接线方法

❶ 选择插座大小：一般选用的是 10A 插座，如果是空调，应选用 16A 大电流插座。先用试电笔找出火线（一般是红色线）。

❷ 断开插座电源断路器。

❸ 五孔插座的背面有三个接线端子，分别标记着 L、N、E（PE 或者画的接地符号），其中标记着 L 的是火线，标记着 N 的是零线，标记着 E（PE 或者画着接地符号）的是地线。接线时把火线（黄色、绿色或者红色）接到五孔插座的 L 接线端子上，把零线（淡蓝色）接到 N 接线端子上，把黄绿双色的那根线接到地线接线端子上。接线时要注意以下问题：剥线时不要剥得过长，以免外露的铜线过多，不安全；把电线插进接线端子里要插到底；最后，要把接线端子的螺栓拧紧，禁止出现线头松动的情况。如图 4-1 所示。

> **注意：** 零、地线不能接错（一般面对插座，左零、右火、上接地），否则，插上用电设备，一打开就会跳闸。

火线一般采用红色、黄色、绿色的电线

零线一般采用
蓝色的电线

地线一般采用
黄绿相间的电线

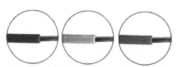

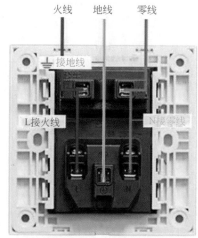

火线　地线　零线

接地线

L接火线　　　　　　N接零线

分体式五孔16A插座接线方法

线头对折处理方法
(平放在接线柱内，导电面积更大)

常规电线处理方法

剥皮部分尽量避免裸露在接线柱外

(a)

16A大功率五孔插座适用大功率家电

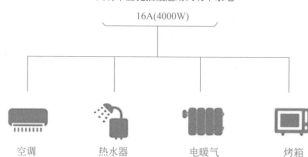

16A(4000W)

空调　　　　热水器　　　　电暖气　　　　烤箱

16A大功率(4000W)

三孔为16A专用插孔，比平时用的10A插孔
大一些，10A的插头可能插不进去。

(b)

图 4-1　家装五孔插座接线

二、单开单控面板开关控制一盏灯接线

一个开关控制一盏灯，只要将电源、开关、电灯串联在一起就可以了。这样连接的灯只能被一个开关控制。电源接线要求是电源火线接在开关的 L 端上，开关的 L1 与控制灯的控制线连接；灯另一端与电源零线连接。开关要接在火线上，这样才能保证使用过程中的安全性。如图 4-2 所示。

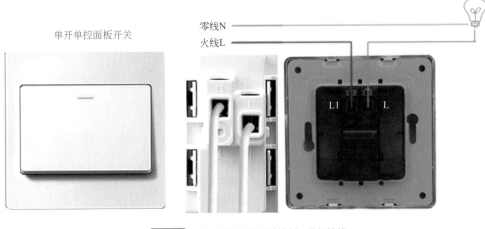

图 4-2 单开单控面板开关控制一盏灯接线

三、两开单控面板开关控制两盏灯接线

两开单控面板开关控制两盏灯接线，把火线分别接面板开关 L 端，开关 L1 端和另外一个开关 L1 端接负载灯的火线端。灯的零线端接电源零线。平时维修时如灯不亮，把两个 L1 位置对调一下就可以判断哪一个开关坏了。如图 4-3 所示。

(a) 两开单控面板开关外形

图 4-3

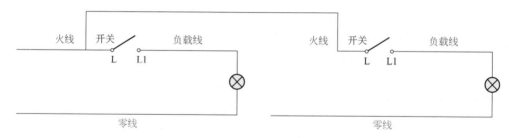

负载线为连接开关和灯之间的线

(b) 两开单控面板开关接线原理

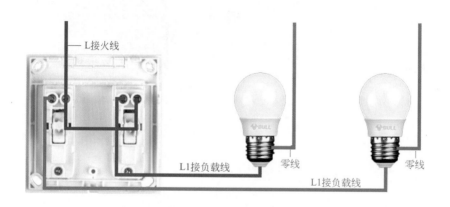

(c) 两开单控面板开关接线

图 4-3 两开单控面板开关控制两盏灯接线

四、单开双控面板开关控制一盏灯接线

单开双控面板开关指的是两个不同地方控制一盏灯，开关上会有 L、L1、L2 三个接线孔。

接线时，火线是直接进开关接 L 孔，零线直接接灯。双连接线分别接在两个开关 L1、L2 孔上，控制线一端接在另外一个开关的 L 孔上并且连接到灯的火线接头端。如图 4-4 所示。

有的双控面板开关标注有 COM 口，是用来短路火线和零线的，也就是说把两个双控面板开关的两个 COM 口分别接到火线和零线上（相当于 L 端口）。

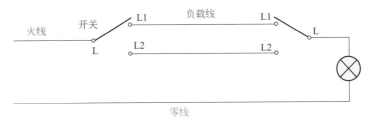

(a) 双控面板开关原理

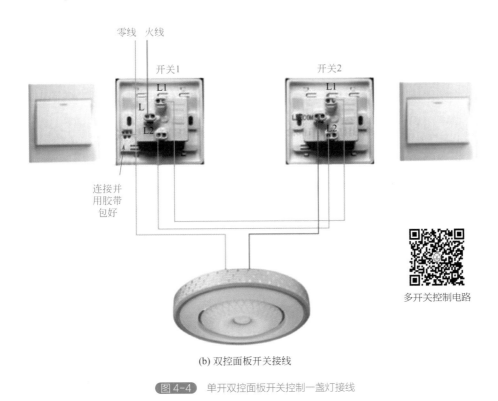

多开关控制电路

(b) 双控面板开关接线

图 4-4 单开双控面板开关控制一盏灯接线

五、两开双控面板开关从两地控制两盏灯接线

两开双控面板开关接线方法：零线直接进灯零线端，火线进其中一个双控开关 L10 和 L20 接线端，L21-L21、L22-L22、L11-L11 和 L12-L12 并联起来，另一个双控开关 L10 和 L20 作为控制线接到灯开关火线控制端，这样就可以在两个地方控制 2 个灯。如图 4-5 所示。

需要注意的是，无论几控，灯开关都是控制火线。为什么开关控制火线？当换灯泡，或者维修的时候，关上开关，灯上只有一根零线，这样就可以保证人身安全。

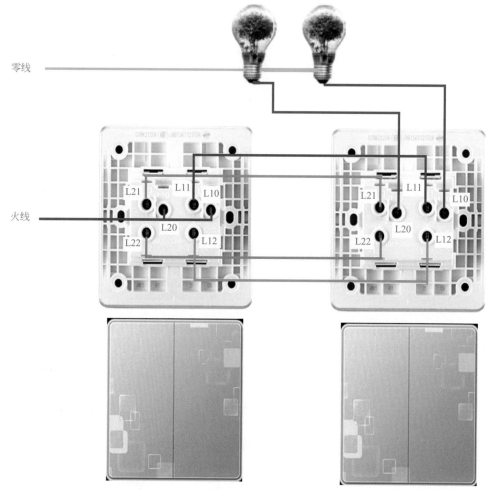

图 4-5　两开双控面板开关从两地控制两盏灯接线

六、单开五孔插座上的开关控制插座接线

插头天天拔来拔去不方便，解决办法就是常用的单开五孔插座接法。这种接法，就是用单开五孔插座上的开关，直接控制面板上的插座。这样在电视机、充电器等需要频繁拔插插头的场合，用面板开关控制插座电源的通断。免去了拔插头的步骤，同时，直接用开关控制，不仅方便，也延长了插座的使用寿命和避免了火灾事故的发生。单开五孔插座外形如图 4-6 所示。

接线时，只要将火线接入开关即可。火线接入到开关的接线柱 L、L1 和 L2，使用时，使用 L、L1 和 L2 中的任意一对都可以，插座的 L 接线端接开关接线柱 L1 或 L2，零线接 N，⏚ 接地线。单开五孔插座上的开关控制插座接线如图 4-7 所示。

图 4-6 单开五孔插座外形

带开关插座安装

地线
零线
火线

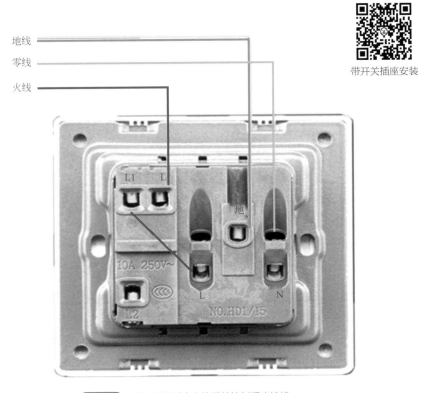

图 4-7 单开五孔插座上的开关控制插座接线

七、单开五孔插座面板开关控制一盏灯接线

单开五孔插座面板开关右边的三孔插座的火线、零线、地线位置按图 4-8 上面的标注先接好，然后火线 L 位置跳线到左边双控开关的 L 位置，L1 是灯的控制线，灯的另一端接零线。开关接灯遵循：零线接灯，火线接开关。牢记开关都是控制火线的通断。

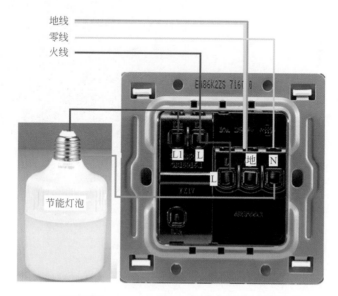

图 4-8　单开五孔插座面板开关控制一盏灯接线

八、家装面板开关和插座安装基本要求

家装面板开关和插座安装基本要求如图 4-9 所示。

❶ 开关的安装高度以距地面 1.4m，距门口 0.2m 处为宜。

❷ 插座的安装高度视使用环境不同而定。客厅距地面 30cm，厨房或卫生间距地面 1.4m，空调插座距地 1.8m，电源线及插座间距不应小于 50cm。

❸ 安装电源插座时，面向插座的左侧应接零线（N），右侧应接火线（L），中间上方应接保护地线（PE）。

❹ 家用电源插座，建议使用带保护门的产品，保护家人，特别是儿童的生命安全。

❺ 卫生间、开敞式阳台内安装的开关或插座应该加装相应的防水盒。

❻ 控制卫生间灯具的开关最好安装在卫生间门外，避免水蒸气进入开关，影响开关寿命或导致事故的发生。

❼ 安装于卧室床边的插座，要避免床头柜或床板遮挡。

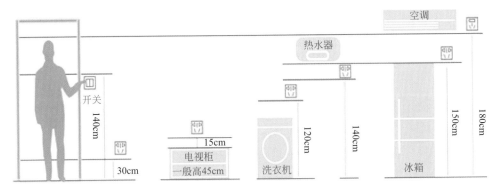

带开关的
16A插座

空调

热水器

开关

140cm

30cm

15cm

电视柜
一般高45cm

洗衣机

120cm

140cm

150cm

180cm

冰箱

图 4-9　家装面板开关和插座安装基本要求

九、家装五孔插座的安装步骤

❶ 安装插座前，首先要清洁开关插座底盒（如图 4-10 所示）。

一般开关插座的安装都是在墙壁粉刷之后进行，而久置的暗盒会堆积大量灰尘，边角也需要清理。这样，在安装时先对开关插座底盒进行清洁，特别是将盒内的灰尘清理干净，同时，用湿布将盒内残存灰尘擦除。

❷ 对电源线进行处理（如图 4-11 所示）。

图 4-10　开关插座底盒清洁

图 4-11　电源线处理

电源线处理要对暗盒内甩出的导线留出合适长度，然后，用剥线钳剥除导线的绝缘层露出线芯，长度大约 9 ～ 11mm，注意不要碰伤线芯，将导线按顺时针方向盘绕在开关或插座对应的接线柱上，最后旋紧压头，要求线芯不得外露。

❸ 插座电源线接线方法（如图 4-12 所示）。

火线接入开关插座 3 个孔中的 L 孔内接牢，零线接入插座 3 个孔中的 N 孔内接牢，地线接入插座 3 个孔中的 PE 孔内接牢。注意：零线与地线一定不能接错，如果接错，使用电器时会出现跳闸现象。

❹ 开关插座固定安装，如图 4-13 所示。

图 4-12　插座三线接线方法

图 4-13　开关插座固定安装

先将暗盒内甩出的导线压入暗盒中，再把安装盒固定架用螺栓固定在暗盒盒子上。固定好后将盖板和面板（装饰板）装回原处即可。如图 4-14 所示。

单联插座的安装

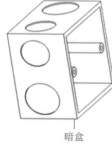

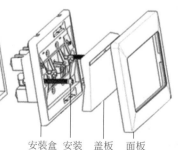

暗盒　　　安装盒　安装　盖板　面板
　　　　　　　　　螺栓

(a)

多联插座的安装

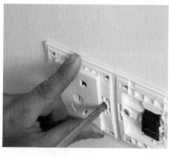

(b)

图 4-14　安装盒固定架用螺栓固定在暗盒盒子上

第二节 红外和人体感应开关接线

一、螺口声光控面板开关接线

声光控开关：通过声音、光线组合控制设计的开关，当环境的亮度达到某个设定值以下，同时，环境的声音超过某个值时，这种开关就会开启。当白天或是光线比较强时，光控电路自锁，此时电路不工作，有声音也不会亮，有效避免白天亮灯浪费电能。在晚上或是光线比较暗时，光控电路开启，通过声音如喊叫、跺脚就可以使灯亮起来。

声光控开关必须同时具备两个条件，开关才起作用。从声光控开关的结构上分析，开关面板表面光控触发点装有光电二极管，声控触发点内部装有驻极体话筒。而光电二极管的敏感效应，只有在黑暗时才起作用，也就是说当天色变暗到一定程度，光电二极管感应后会在电子线路板上产生一个脉冲电流，使光电二极管电路处在开启状态，这时，在楼梯口等处只要有响声出现，驻极体话筒就会同样产生脉冲电流，这时，声光控开关电路就连通。声光控开关的结构如图 4-15 所示。E27 螺口声光控开关接线如图 4-16 所示。

图 4-15 声光控开关的结构

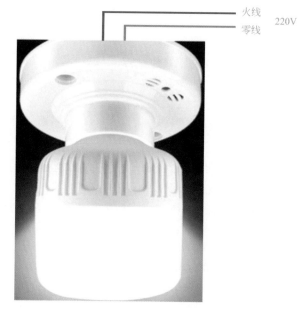

火线
零线
220V

声光控开关应用

光控感应开关应用

图 4-16　E27 螺口声光控开关接线

二、暗装 86 型二线制声光控延时开关接线

楼道暗装 86 型二线制声光控延时开关外形如图 4-17 所示。接线时，把一个标有"火线进"的端口接 220V 电源火线端，一个标有"火线出"的端口接灯泡火线端，零线接到灯泡零线端。如图 4-18 所示。

节能声光控延时开关
型号：LB-SK2(二线制)
电压：180V～240V 50Hz
负载：LED灯　3W～40W
　　　节能灯　小于36W
　　　白炽灯　小于60W
火 进　　火 出

图 4-17　86 型二线制声光控延时开关外形

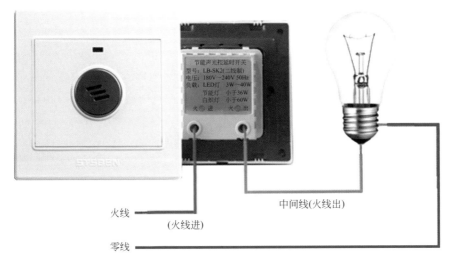

火线

(火线进)

零线

中间线(火线出)

图 4-18　86 型二线制声光控延时开关接线

三、暗装 86 型三线制声光控延时开关接线

三线制声光控延时开关，可以兼容多种灯具，但要求是必须连接零线，否则 LED 灯不适用。而两线制声光控开关，一般只适用白炽灯或功率不超过 20W 的节能灯。三线制声光控延时开关接线如图 4-19 所示。

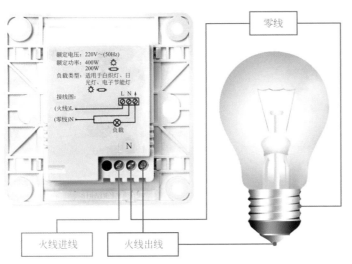

零线

火线进线　火线出线

延时照明电路

图 4-19　三线制声光控延时开关接线

四、三线制人体感应开关控制室内照明灯接线

❶ 使用人体感应开关控制室内照明灯优点：白天，有人经过，灯不亮。晚上，没人经过，灯不亮。晚上，有人经过，灯自动亮起。晚上，人离开 16 ～ 360s(可调)

后，灯自动熄灭。

❷ 导线接入三线制人体感应开关端子时要用合适的螺丝刀拧紧。端子外面的导线不可以裸露金属，以防短路。导线对应人体感应开关接线端子标识 N 接零线，L 接火线，A（L1）接负载线。N 零线和 L 火线应先接入感应开关，再从感应开关 N 和 A（L1）端将导线接入负载。注意：接线前必须断开电源。如图 4-20 所示。

时控开关照明电路

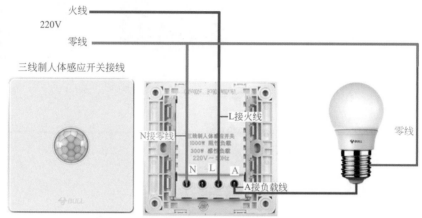

图 4-20　三线制人体感应开关控制室内照明灯接线

五、二线制人体感应开关接一盏灯的接线

二线制人体感应开关的接线原则是火线进或是标志"火"字样接线端接 220V 电源端，火线出或是标志"灯"字样接线端接灯的芯线中心端，电源 220V 零线端接灯的零线端。如图 4-21 所示。

触摸延时照明电路

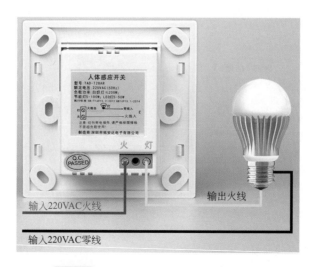

图 4-21　二线制人体感应开关接一盏灯的接线

第三节　常用插头和灯具接线

一、两脚插头的安装

　　将两根导线端部的绝缘层剥去，在导线端部附近打一个电工扣；拆开端头盖，将剥好的多股线芯拧成一股，固定在接线端子上。注意：不要裸露铜丝毛刷，以免短路。盖好插头盖，拧上螺钉即可。两脚插头的安装如图 4-22 所示。

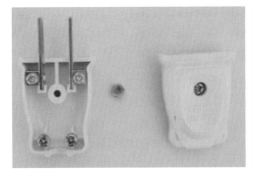

(a) 插头结构

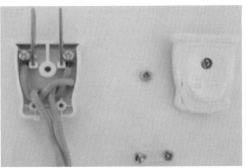

(b) 插头做电工扣接线

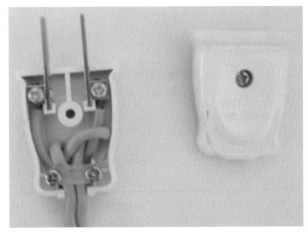

(c) 用线压接板固定

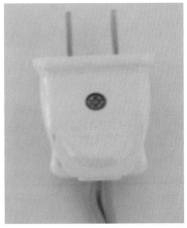

(d) 插头接好图

图 4-22　两脚插头的安装

二、三脚插头的安装

三脚插头的安装与两脚插头的安装类似，不同的是导线一般选用三芯护套软线，其中一根带有黄绿双色绝缘层的芯线接地线，其余两根一根接零线，一根接火线，如图 4-23 所示。

(a) 外形

(b) 接线   (c) 接线完毕

图 4-23　三脚插头的安装

三、LED 灯接线

LED 灯两种接线方法如图 4-24 所示。

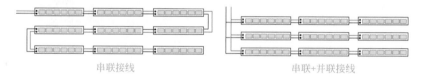

串联接线　　　　　　　　　　串联+并联接线

图 4-24　LED 灯两种接线方式

常见 LED 灯接线如图 4-25 所示。

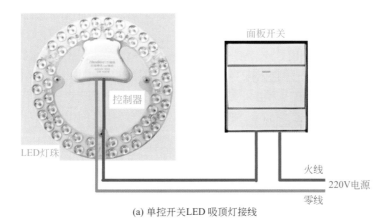

（a）单控开关LED吸顶灯接线

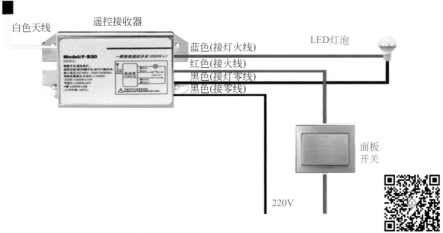

交流LED灯电路

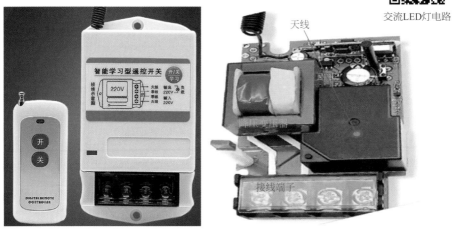

（b）遥控LED吸顶灯接线与遥控驱动电路

图 4-25　LED 灯电路接线

133

四、高压汞灯接线

1. 电路原理

高压汞灯应配用瓷质灯座，镇流器的规格必须与高压汞灯灯泡功率一致，灯泡应垂直安装。功率偏大的高压汞灯由于温度高，应装散热设备。自镇流汞灯没有外接镇流器，直接拧到相同规格的瓷灯口上即可，如图 4-26 所示。

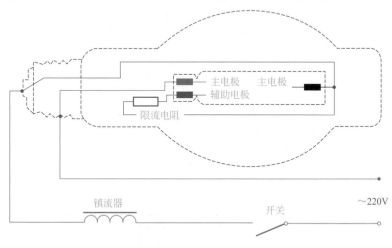

图 4-26　高压汞灯的安装图

2. 电路接线组装

高压汞灯控制电路接线组装如图 4-27 所示。

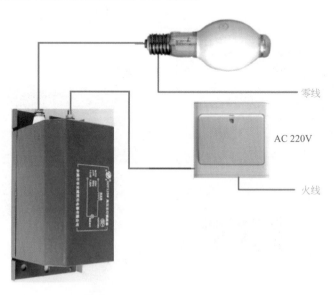

图 4-27　高压汞灯控制电路接线组装

五、高压钠灯的安装接线

高压钠灯必须配用镇流器。电源电压的变化不应该大于 ±5%。高压钠灯功率较大，灯泡发热厉害，因此，电源线应有足够的截面积。高压钠灯的外形、电路与接线如图 4-28 所示。

(a) 外形

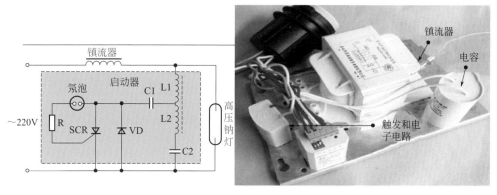

(b) 电路与接线

图 4-28　高压钠灯的外形、电路与接线

六、碘钨灯的安装接线

碘钨灯必须水平安装，水平线偏角应小于 4°。灯管必须装在专用的有隔热装置的金属灯架上，同时，不可在灯管周围放置易燃物品。在室外安装，要有防雨措施。功率在 1kW 以上的碘钨灯，不可安装一般的电灯开关，而应安装漏电保护器。碘钨灯外形、结构与接线如图 4-29 所示。

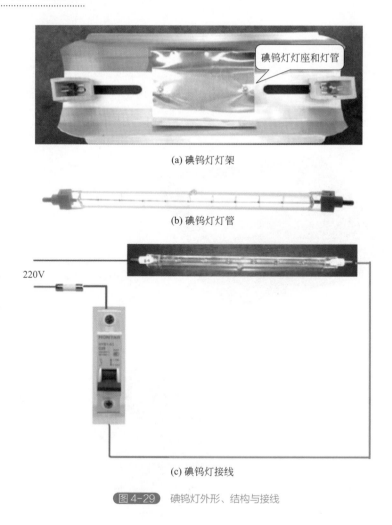

(a) 碘钨灯灯架

(b) 碘钨灯灯管

(c) 碘钨灯接线

图 4-29　碘钨灯外形、结构与接线

第四节　常用配电线路接线

一、吸顶式灯具的安装

❶ 较轻灯具的安装如图 4-30 所示。首先用膨胀螺栓或塑料胀管将过渡板固定在顶棚指定位置。在底盘元件安装完毕后，再将电源线由引线孔穿出，然后托着底盘穿过过渡板上的安装螺栓，上好螺母。安装过程中因不便观察而不易对准位置时，可用十字螺丝刀穿过底盘安装孔，顶在螺栓端部，使底盘轻轻靠近，沿螺丝刀顺利对准螺栓并安装到位。

注意：灯底盘安装在过渡板上

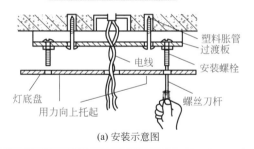

(a) 安装示意图

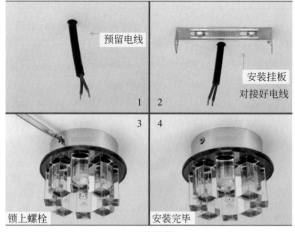

(b) 实际安装

图 4-30　较轻灯具的安装

❷ 家庭较轻灯具直接固定法。家庭常见的装饰灯或吸顶灯在安装时，需要用膨胀螺栓或塑料胀管将灯底座直接固定在顶棚上，步骤如图 4-31 所示。固定完毕直接将装饰护罩卡扣卡好即可。

❸ 水晶吊灯等较重灯具的安装如图 4-32 所示。用直径为 6mm，长约 8cm 的钢筋做成如图 4-32（a）所示的形状，再做一个如图 4-32（b）所示形状的钩子，钩子的下段铰 6mm 螺纹。将钩子钩住如图 4-32（a）所示的钢筋后再送入空心楼板内。做一块和吸顶灯座大小相似的木板，在中间打个孔，套在钩子的下段上并用螺母固定。在木板上另打一个孔，以穿电线用，用灯具内的安装螺钉把木板上到膨胀螺栓里面。注意：不要把一边先拧紧，两边应轮着旋紧，保证木板的平衡。然后就可以按照水晶灯的安装说明挂好水晶灯座了。

灯座组装好接下来就要安装灯泡了。一定要注意，安装灯泡时火线应接在中心触点的端子上，零线应接在螺纹的端子上。灯具采用螺口灯头时，火线应接灯头的顶心，零线接螺口。记得装齐灯泡要开灯，看一下有没有不亮的，再做调试就可以了。水晶灯装好效果如图 4-33 所示。

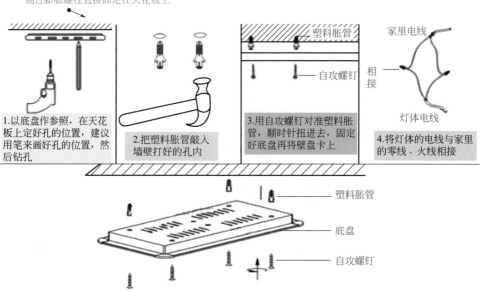

通过膨胀螺栓直接固定在天花板上

塑料胀管

家里电线

自攻螺钉

相接

灯体电线

1.以底盘作参照，在天花板上定好孔的位置，建议用笔来画好孔的位置，然后钻孔

2.把塑料胀管敲入墙壁打好的孔内

3.用自攻螺钉对准塑料胀管，顺时针扭进去，固定好底盘再将壁盘卡上

4.将灯体的电线与家里的零线、火线相接

塑料胀管

底盘

自攻螺钉

图 4-31　家庭较轻灯具直接固定法

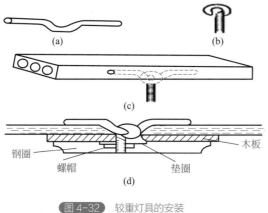

(a)

(b)

(c)

钢圈

螺帽

垫圈

木板

(d)

图 4-32　较重灯具的安装

图 4-33　水晶灯安装后效果

二、嵌入式灯具的安装

嵌入式灯具如图 4-34 所示。嵌入式灯具的安装要注意在制作吊顶时，应根据灯具的嵌入尺寸预留孔洞。安装灯具时，将其嵌在吊顶上。

嵌入式灯具主要利用这个卡子安装

图 4-34　嵌入式灯具

三、楼房装修按照房间配电接线

　　一般居室的电源线都布成暗线，需在建筑施工中预埋塑料空心管，并在管内穿好细铁丝，以备引穿电源线。待工程安装完工时，把电源线经电能表及用电器控制断路器后通过预埋管引入居室内的客厅，客厅墙上方预留一个暗室，暗室为室内配电箱，然后分别把暗线经过配电箱分布到各房间。

　　总之，要根据居室布局尽可能把电源线一次安装到位。住户配电分为户内配电与户外配电，配电方式有多种，可以根据房间单独配电（小户型常使用此方法，即一个房间使用一个断路器），如图4-35所示。实物接线图如图4-36所示。

家居布线与接线

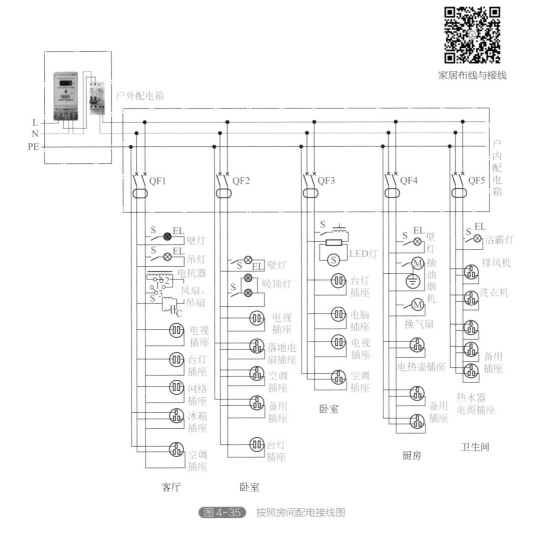

图4-35　按照房间配电接线图

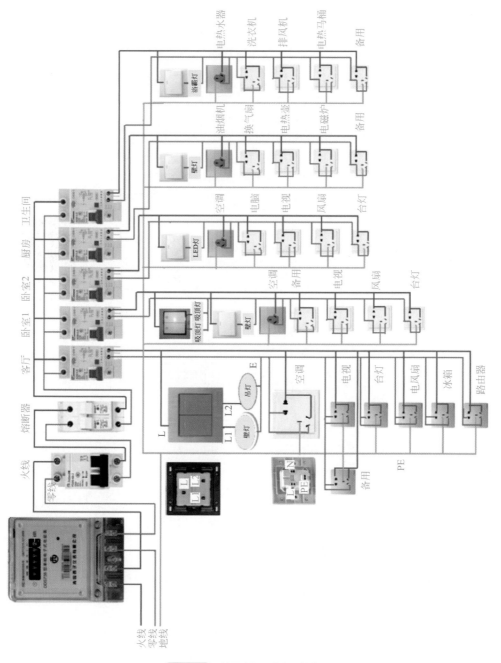

图 4-36　按照房间配电实际接线图

四、楼房装修按照用途配电接线

按照用途进行配电大户型多使用此法，尤其是空调，一般都是单独供电。图4-37 为按照用途配电接线图，也就是说照明、空调、卫生间的插座、厨房的插座、各卧室插座都可使用单独的断路器。相对来讲，这种用途布线的方式比较方便、实用。同时，在各居室布局时，一定要多留几个备用插座，后续使用其他电器时更方便，而且，厨房所有的供电插座部分最好单走，这样维修起来比较方便。

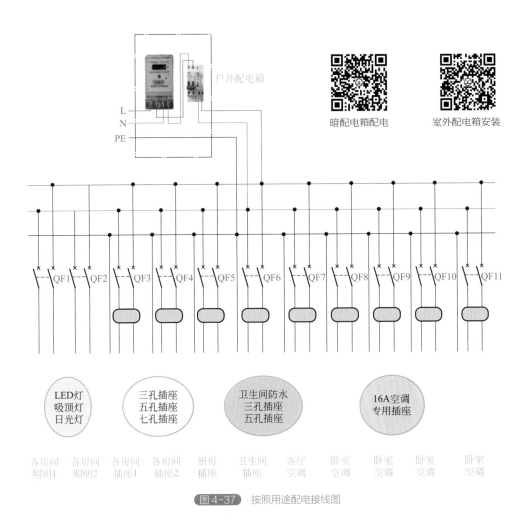

图 4-37 按照用途配电接线图

按照用途配电实物接线如图 4-38 所示。

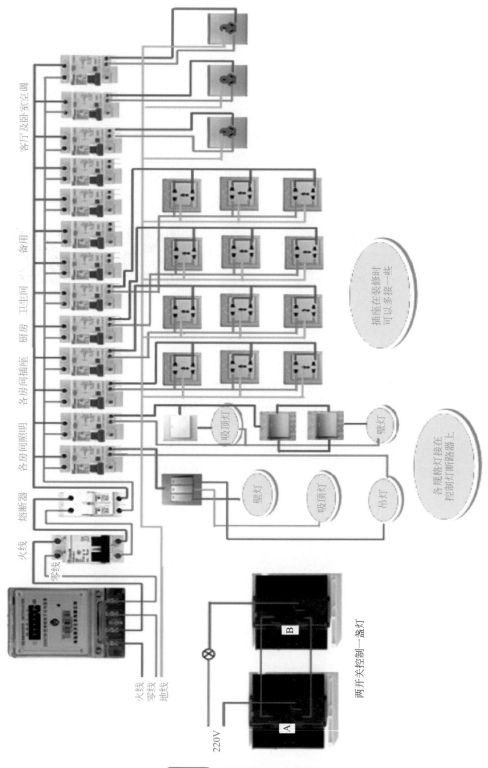

图 4-38　按照用途配电实物接线

家装预留插座经验分享:

开关插座安装高度要依据我国《建筑电气工程施工质量验收规范》的规定。

❶ 电源开关的高度一般为 1.2 ~ 1.4m 之间，高度的标准可以参考成人的肩膀高度。同一空间的高度需要相同，高度差不能超过 5mm。

❷ 无特殊要求的插座高度一般为 0.3m。同样，多个插座之间的高度差不能超过 5mm。

❸ 挂机空调、排风扇插座的高度为 1.9 ~ 2.0m 之间。

❹ 露台插座的高度建议为 1.4m 以上；而且，需要考虑避免日晒、雨淋等。

❺ 洗衣机的插座高度为 1.2 ~ 1.5m。由于洗衣机可能会带出来水滴，如果插座太低，可能会引发安全隐患。

❻ 冰箱插座的高度为 0.3 ~ 1.5m。现实生活中，可以根据冰箱的高度来确定冰箱插座的高度。

❼ 电热水器插座的高度一般为 1.8 ~ 2.0m，一般在电热水器的右侧。另外，需要注意的是，插座不要安装在电热水器的上方。

❽ 注意：智能马桶的插座要安装在马桶的左侧（如厕时方向的右侧）。

❾ 客厅视听设备、台灯、接线板等的插座高度也一般为 0.3m，具体还要根据电视柜和沙发的高度而定。

 家装需要预留插座实践经验:

在进行家装时，需要对整个房间根据功能算出装修预留插座的个数。房间的使用功能不同时，插座预留的个数也是不同的，切记不要生搬硬套。

❶ 厨房装修插座预留 7 个就可以了。分别是抽油烟机、冰箱、家用电磁炉、电饭煲、烤箱或者微波炉，再预留 1~2 个插座给电热水壶等家电。

❷ 卫生间装修插座预留 7 个比较合适。有洗衣机、热水器（如果家里安装电热水器），在坐便器的位置预留一个用于智能马桶，卫生间的镜子旁边要预留一个用于镜前灯，面盆旁预留给吹风机、剃须刀或者是电动牙刷等，排气扇的位置留一个，再预留一个备用插座。

注意：卫生间的插座要选择防水的。

❸ 餐厅装修插座预留 4 个比较好。一个是饮水机，餐桌的附近可以预留两个用于使用电磁炉火锅，空白墙的位置可以留一个备用。

❹ 客厅装修插座一般预留 10 个。由于在客厅的活动比较多，可以多预留

几个插座。

有电视、路由器、有线电视、电风扇，沙发旁预留 1 个或几个，还有空调、电动窗帘、客厅饮水机、冰箱等。

❺ 主卧装修需要预留 8 个左右的插座。分别是：床头的两侧各留一个用于家里的手机、台灯充电，电脑、网线、空调各一个，备用两个，梳妆台一个。

❻ 次卧装修插座预留 8 个左右。分别是：床头的两侧各留一个，笔记本电脑和网线各一个，空调一个、备用两个、梳妆台一个。

第五节　电气配电线路的安装与接线

一、两根硬铜线对接方法

❶ 用剥线钳剥掉铜线绝缘部分，如图 4-39 所示。
❷ 把其中一路回路线折弯，如图 4-40 所示。

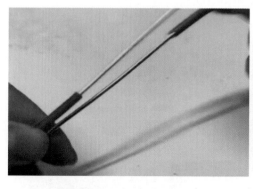

图 4-39　剥掉铜线绝缘部分

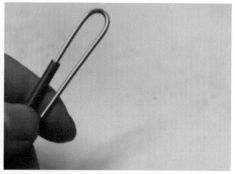

图 4-40　把其中一路回路线折弯

❸ 把其中一路穿孔到另一路连接，如图 4-41 所示。
❹ 用电工钳把折弯线压实，如图 4-42 所示。
❺ 用电工钳固定，开始顺时针缠绕，如图 4-43 所示。
❻ 用电工钳固定顺时针缠绕时，注意缠绕要紧密压实，如图 4-44 所示。
❼ 剪去多余线头，接线完毕，如图 4-45 所示。

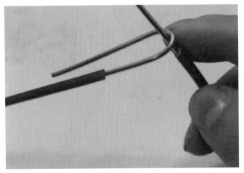

图 4-41　一路穿孔到另一路连接

图 4-42　把折弯线压实

图 4-43　电工钳固定并顺时针缠绕

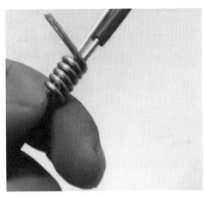

图 4-44　紧密缠绕压实

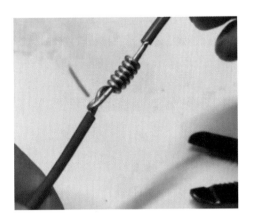

图 4-45　接线完毕

铜硬导线单股对接

单芯导线分线打结连接

二、单股铜导线直接连接

　　小截面单股铜导线连接方法如图 4-46 所示，先将两导线的芯线线头作 X 形交叉，再将它们相互缠绕 2 ～ 3 圈后扳直两线头，然后将每个线头在另一芯线上紧贴密绕 5 ～ 6 圈后剪去多余线头即可。

单芯导线大截面
直线连接

单芯导线大截面
分线接法

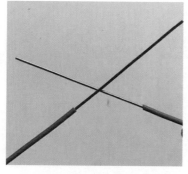

① 先将两导线的芯线线头作X形交叉

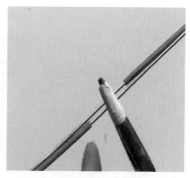

② 用钳子夹住中间部分

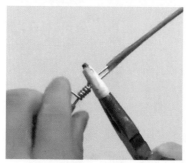

③ 再将它们相互紧密缠绕

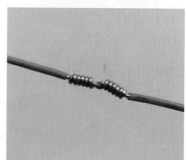

④ 线缠紧后用钳子再压紧，用绝缘胶带包好即可

图 4-46　单股铜导线的直接连接

三、家装面板插座三根线并线接法

插座三根线并在一起造成线径太粗无法接入到插座接口中时，就需要对三根线并接。其方法是先把三根线外皮绝缘剥好，再把三根线并在一起后用其中一根围绕中间两根缠绕，缠绕 5 ～ 8 圈后把其中一根线对折，长度到达绝缘部分边缘，剪掉线的多余部分后再把剩余一根线接到插座接线端口上即可。如图 4-47 所示。

① 把三根线外皮绝缘剥好

② 把三根线并在一起

③ 用其中一根围绕中间两根缠绕

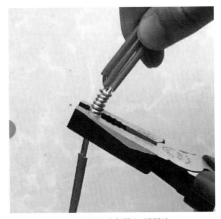

④ 缠绕要求是必须紧密

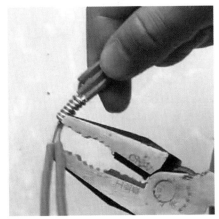

⑤ 把其中一根线对折

⑥ 剪掉多余部分

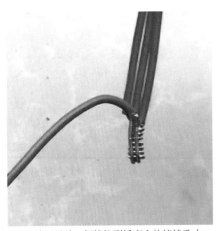

⑦ 使用另外一根线接到插座盒的接线孔中

单芯导线十字分支接线

小截面分线连接

图 4-47　家装面板插座三根线并线接法

四、二根软线支路和干路 T 形接线

日常生活中，需要把支路软线连接到干路软线上，这时候就可以采用 T 形接线方法。

将支路芯线分为两组，支路一组插入干路芯线当中，另一组放在干路芯线前面，并朝右边方向缠绕 4 ～ 8 圈。再将插入干路芯线中的左侧支线线芯朝左边方向缠绕 4 ～ 8 圈，连接好的导线如图 4-48 所示，最后用绝缘胶带包好。

① 把干路和支路电线绝缘剥掉

② 支路芯线分为两组，一组插入干路芯线当中

③ 支路外面一路朝右边方向缠绕4～8圈

④ 支路里面一路朝左边缠绕4～8圈

⑤ 连接好的导线形状

图4-48 二根软线支路和干路 T 形接线方法

五、两芯护套线错位对接方法

两芯护套线在电工接线中要错位对接，这样才能更安全。两芯护套线对接时首先取两根不一样颜色的线芯，剪掉一部分，然后两根不同颜色的线芯错开，相同颜色导线再对接就是接线中的错位对接。如图 4-49 所示。

① 剥掉护套线外护套

② 取不同颜色线芯，用剥线钳剪掉一部分

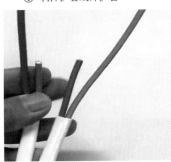

③ 剪掉后，护套线线芯错开

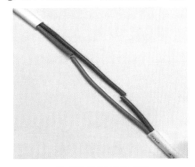

④ 相同颜色线芯对接

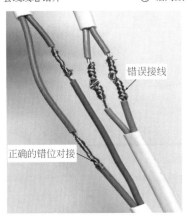

错误接线

正确的错位对接

⑤两芯护套线错位对接

图 4-49　两芯护套线错位对接

六、软铜线和单芯硬铜线接线

软铜线和单芯硬铜线接线时首先把软铜线分成三股，分别把每一股拧紧，用右手把软铜线和硬铜线水平方向并在一起，然后选取其中一股软铜线紧密缠绕到硬铜线上，缠完后依次把第二股和第三股紧密缠绕到硬铜线线芯上。这样缠绕，软线和硬线接触面积增大，电线不容易拉开，增加了导线强度。如图4-50所示。

① 把软铜线分成三股，分别拧紧

② 软铜线和硬铜线水平方向并在一起，从第一股开始缠绕

③ 第二股软铜线紧密缠绕到硬铜线线芯上

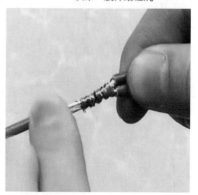

④ 第三股软铜线紧密缠绕到硬铜线线芯上

⑤ 软铜线和单芯硬铜线接线后形状

图 4-50 软铜线和单芯硬铜线接线

七、两根软线旋转对接接线

两根软线旋转对接接线时，首先把两根导线交叉，然后用右手把两根线捏在一起，左手把两根线芯旋转 360° 拧紧，把左边线向左边缠绕到绝缘处，右边线向右边缠绕到绝缘处，去掉线头处毛刺，缠好后用绝缘胶带包好。这种接法相当于在线中间部分打了一个接扣，不仅增大了导线使用强度，还增加了导线接触面积。如图 4-51 所示。

① 把两根导线交叉

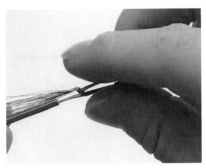

② 把两根线芯旋转360°拧紧

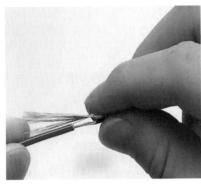

③ 左边线向左边缠绕

④ 右边线向右边缠绕

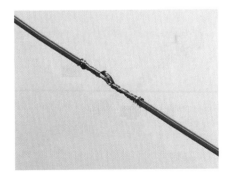

⑤ 两根软线360° 旋转对接接线效果

图 4-51　两根软线 360° 旋转对接接线

八、多股软铜线对接

多股软铜线对接时先把多股软铜线绝缘剥掉，平均分成六等份，并把每一份拧在一起成伞状，对插在一起。 用手压紧中间部分，任选其中一股顺时针紧密缠绕，缠绕好一端再缠绕另外一端。要求缠绕紧密、整齐、没有毛刺，从而增大导线接触面积。如图 4-52 所示。

① 多股软铜线伞状对插

② 压紧对插多股铜线中间部分

③ 任选其中一股顺时针紧密缠绕

④ 一端缠绕完毕

⑤ 两端缠绕完毕效果图

图 4-52 多股软铜线对接

九、多芯硬铜线的 T 形接线

多芯硬铜线的 T 形接线方法是把其中一根硬铜线分成两份，并把其中一份插入到另一根中间，把右侧部分的铜线芯向下紧密缠绕，左侧部分的向上紧密缠绕，把两端缠完即可。如图 4-53 所示。

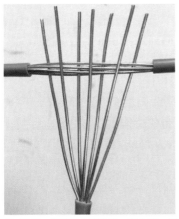

① 其中一根导线分成两份，穿入另一根

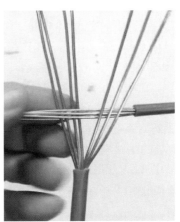

② 导线穿入到根部为止

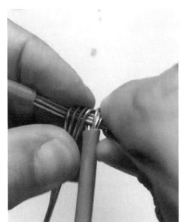

③ 右侧部分铜线芯向下紧密缠绕

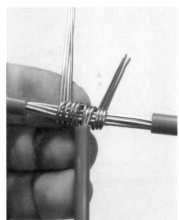

④ 左侧部分铜线芯向上紧密缠绕

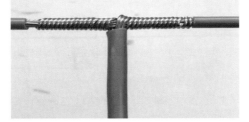

⑤ 把导线两端紧密缠完，剪去多余部分即可

图 4-53　多芯硬铜线的 T 形接线

十、导线液压压接钳接线方法

使用压接法连接导线，需要配置压接钳、铜套管、线鼻子等专用工具。将需要连接的导线两头去掉绝缘皮，分别穿入套管，使用压接钳压紧即可。

压接钳即导线压接接线钳，是一种用冷压的方法来连接铜、铝等导线的工具，特别是在铝绞线和钢芯铝绞线敷设施工中经常用到。压接钳主要分为手压钳和液压钳两类，手压钳适用于截面为 35mm² 以下的导线；液压钳主要依靠液压传动机构产生压力而达到压接导线的目的，适用于压接截面为 35mm² 以上的多股铝、铜芯导线。

铜芯导线直接连接的液压钳压线步骤如下（如图 4-54 所示）：

❶ 根据导线截面选择压模、铜套管和线鼻子。

❷ 剥掉连接处的导线绝缘护套，剥除长度应为铜套管长度的一半加上 5～10mm，然后用钢丝刷刷去铜芯导线表面的氧化层。

❸ 用清洁的钢丝刷蘸一些凡士林锌粉膏（有毒，切勿与皮肤接触）均匀地涂抹在芯线上，以防氧化层重生。

❹ 用圆条形钢丝刷清除铜套管内壁的氧化层及污垢，最好也在管子内壁涂上凡士林锌粉膏。

❺ 把铜线芯插入铜套管内，切记要插到底并使铜线芯处在铜套管的正中间。

❻ 根据铜套管的粗细选择适当的压模装在压接钳上，拧紧定位螺钉后，把套有铜套管的芯线嵌入压模。

❼ 对准铜套管，用力捏夹钳柄进行压接。压接普通线端子，从端子口 10mm 处开始压紧，松开后再移动 10mm，再压紧一次，即可。对于边宽 8mm 的液压钳，从端子口 8mm 处开始压紧，松开后再移动 8mm，再压紧一次，松开后再移动 8mm，再压紧一次，合计三次。

❽ 擦去残余的粉膏，在铜套管上端套入热缩管，用酒精灯火焰使热缩管收缩即可。

① 根据导线截面选择压模、铜套管和线鼻子　　② 剥掉连接处的导线绝缘护套

③ 铜线芯插入铜套管内

④ 从端子口10mm处开始压紧

⑤ 移动10mm，再压紧一次

⑥ 压接成形外观

⑦ 铜套管、线鼻子上端套入热缩管

⑧ 用酒精灯火焰使热缩管收缩

图4-54　导线液压压线钳接线方法

十一、家装布线

1. 家装电线的选择

电线虽小，责任重大。在家庭装修中，因为电线埋在墙里面，很多人都忽略了电线。学会选购电线，选好电线，是家庭安全的前提。

家装电线一般是单芯线。家装电线常用有 3 种规格：1.5mm²、2.5mm² 和 4mm²。另外还有 6mm² 和 10mm²。其中 6mm² 线用于室内大功率柜机空调，10mm² 线主要用于进户主干线。如图 4-55 所示。

线管布线

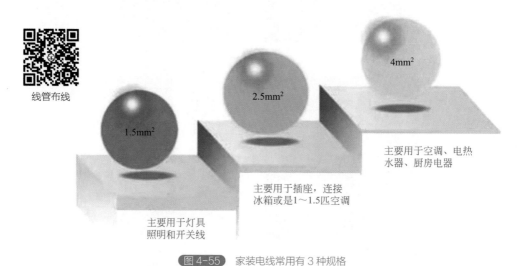

4mm²

2.5mm²

1.5mm²

主要用于空调、电热水器、厨房电器

主要用于插座，连接冰箱或是 1~1.5 匹空调

主要用于灯具照明和开关线

图 4-55　家装电线常用有 3 种规格

在家装电线的选择中，一般选用国标品牌电线，同时，避免选用市场内劣质铜芯线，例如铜丝两头粗中间细，劣质铜芯以次充好以及电线米标长度不足。

2. 线管的选择

PVC 线管在家装电路改造中使用较为普遍。其主要成分为聚氯乙烯，另外加入其他成分来增强其耐热性、韧性、延展性等。在家装施工中，几乎所有电线都是穿在 PVC 线管中暗埋在墙壁内的。

选择 PVC 线管时，需要注意检查线管的质量，确保保护管不会一弯就瘪，一冲击就产生裂纹。首先检查管子外壁是否有生产厂标记和阻燃标记，此外，可用火点燃管子，随后将之撤离火源，看 30s 内是否自熄；然后可试将管子弯曲 90°，弯曲后看外观是否光滑；最后可用榔头敲击至管子变形，无裂缝的为冲击测试合格。

PVC 线管和暗盒连接示意图如图 4-56 所示。

图 4-56 PVC 线管和暗盒连接示意图

3. 暗盒的选择

❶ 采用防冲击、耐高温、阻燃性好、抗腐蚀的绝缘材料。选择时，可以采用燃烧、摔踩等方式进行测试。

❷ 尺寸精确，包括螺钉间距、标准大小的 6 分管及 4 分管接孔等。尺寸不够精确的暗盒，可能会造成开关插座安装不牢固或暗盒内部漏浆（墙壁内的沙石渗入）。

❸ 高质量的螺钉口。好的暗盒螺钉口为螺纹铜芯外包绝缘材料，能保证多次使用不滑口。部分暗盒的一侧螺钉口还设计有一定空间，上下活动，即使开关插座安装时略有倾斜，也能顺利地固定在暗盒上。

❹ 较大的内部空间。暗盒内部空间大，能减少电线缠结，利于散热。

❺ 常见的暗盒型号有 86 型、120 型、八角暗盒等，如图 4-57 所示。

·86 型。暗盒尺寸约 80mm × 80mm，面板尺寸约 86mm × 86mm，是使用最多的一种接线暗盒。可广泛应用于各种建筑、装修当中。86 型面板还分单盒、多联盒（由二个及二个以上单盒组成）。

·120 型。120 型接线暗盒分 120/60 型和 120/120 型。

120/60 型暗盒尺寸约 114mm × 54mm，面板尺寸约 120mm × 60mm。

120/120 型暗盒尺寸约 114mm × 114mm，面板尺寸约 120mm × 120mm。

·八角暗盒。通常用于建筑灯头线路的驳接过渡使用。

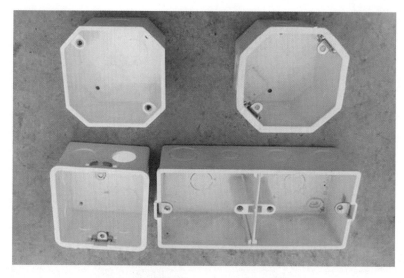

图 4-57 常见暗盒外形

通常，家装用的暗盒都是 86 型的，且大多数面板也都是适用于 86 型暗盒的，所以在安装的时候尽量选择 86 型的。

4. 电路施工的基本原则

（1）定位 要根据对电的用途进行电路定位，比如，哪里要开关、哪里要插座、哪里要灯等，根据业主的要求进行定位。如图 4-58 所示。

暗配电箱配电

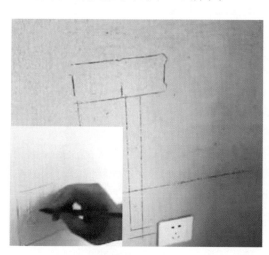

图 4-58 暗盒定位

（2）开槽 定位完成后，根据定位和电路走向，开布线槽。线槽很有讲究，要横平竖直。不过，规范的做法是不允许开横槽，因为会影响墙的承受力。如图 4-59 所示。

图 4-59　开槽操作图

（3）预埋暗盒　暗盒安装前一定要洒水，不然盒子位有灰尘，砂砾不易黏合，做好也会开裂。如图 4-60 所示，这种单盒还是很容易装的。先向盒子位打点砂灰，然后把盒子翻过来在盒子底部和顶部打点砂灰，放进去。最后调整高度，根据墙面材质选择盒子安装的深度，比如厨房墙面是贴砖的，就预留出 1cm 的余量，这样瓷砖贴好就刚好与盒子保持水平。调整好就不要动它，继续装下一个，等水泥强度提高了再回头补平。

图 4-60　暗盒安装

成排的暗盒安装有两种方法。第一种一个一个地安装，装好第一个调整好后不管它，同单盒一样，等水泥有强度了再来装下一个，这样就不会出现同时装多个很难调平的现象了。第二种找个窄点的木条（一定要直，每个盒子底部都以它为准），两端调整好钉在墙上。向盒子位打灰，注意不要一次性打满，慢慢地把盒子逐个调整好，不要再动了。客厅电视机背景墙成排暗盒安装如图 4-61 所示。

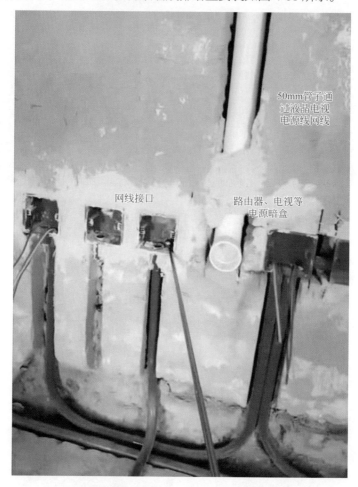

50mm管子通过液晶电视电源线网线

网线接口

路由器、电视等电源暗盒

图 4-61　客厅电视机背景墙成排暗盒安装

　　（4）布管　一般采用线管暗埋的方式。线管有冷弯管和 PVC 管两种，冷弯管可以弯曲而不断裂，是布线的最好选择，因为它的转角是有弧度的，线可以随时更换，也不用开墙。

　　❶ 准备好剪刀、线管、弯管弹簧，直接准备弯管接线，如图 4-62 所示。

　　❷ 把弯管弹簧插入线管，如图 4-63 所示。

　　❸ 把穿入弯管弹簧的线管放在腿上，自然下压形成所需要的角度后，把弯管弹簧抽出来即可，如图 4-64 所示。

图 4-62　布管准备工作

图 4-63　插入弯管弹簧

图 4-64　弯管方法

④ 将弯成 90°角的线管安装到暗盒进线位置后，按照所需高度用剪刀剪去多余部分，放平（如图 4-65 所示）。

图 4-65　线管安放位置

❺ 直接把弯好的线管和其余线管连接好即可（如图 4-66 所示）。

图 4-66 直接连接弯管和其他线管

（5）**穿线** 现场施工如下：首先，铺排好合理走向的电线线管并固定，接下来用钢丝做一个穿线头穿过线管，在线管另一端将穿线钢丝拉出一小段。然后，将需要进入线管的电线各线头削去约 5cm，将三根裸线穿进穿线头的头部圆孔折牢固。有多条线需要进入同一线管的，也可以把它们绞在一起，用胶带包好。

线穿好后一人拉扯穿线钢丝一端，另一人在另一端慢慢把电线顺入线管。如果在拉扯的过程中遇到困难，需要一边敲打线管一边拉，切记不要使劲向外拉，避免弄坏电线。穿线实物操作如图 4-67 所示。

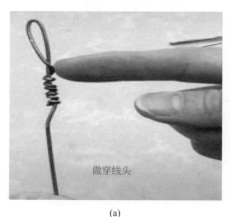

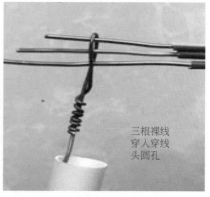

(a)　　　　　　　　　　　　　　　(b)

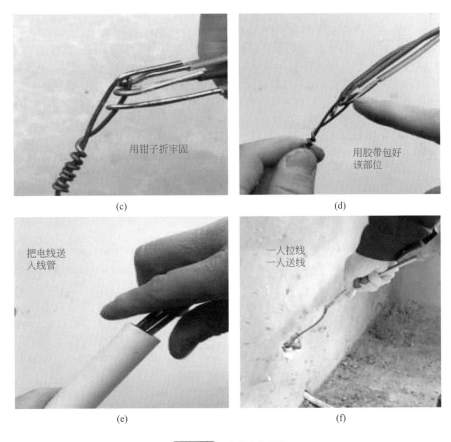

用钳子折牢固

(c)

用胶带包好
该部位

(d)

把电线送
入线管

(e)

一人拉线
一人送线

(f)

图 4-67　穿线实物操作

避免电工考证中铜线和铝线接线扣分的小妙招：

　　铜，铝导线一般不能直接连接，因为铜和铝两种金属的电化性质不同。将铜线和铝线直接连接时，一旦遇到空气中的水分、二氧化碳以及其他杂质形成的电解液时，就将形成电池效应。这时，铝易于失去电子成为正极，铜难于失去电子而成为负极，于是在正负极间就产生约 1.69V 的电动势，并会有很小的电流流过，腐蚀铝线；同时有电流通过铜铝连接部位时，将使其温度升高，而高温又加速了铝线的腐蚀程度。从而形成恶性循环，直至将导线烧毁。

❶铜铝错误接线如图 4-68 所示。

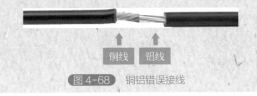

铜线　　铝线

图 4-68　铜铝错误接线

❷铜铝正确接线是用铜铝转换接头正确连接，如图4-69所示。

铜、铝导线必须采取过渡连接，单股小截面铜、铝导线连接时，应将铜线搪锡后再与铝线连接；多股大截面铜、铝导线连接时，应采用铜铝过渡连接管或铜铝过渡线夹；若铝导线与开关的铜接线端连接时，则应采用铜铝过渡鼻子。

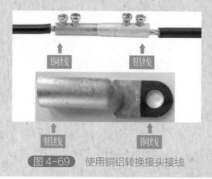

图4-69　使用铜铝转换接头接线

考证中接线视频讲解：

2.5mm以上多根单股线并头

并接头接线方法

穿线技巧

单芯导线大截面分线接法

单芯导线大截面直线连接

单芯导线分线打结连接

单芯导线十字分支接线2

单芯导线十字分支接线1

单芯铜硬导线与多股线分支连接

对接接点包扎法

多股导线分线连接

多股铜导线的并接

多股线压接圈接线方法

分支接点包扎方法

接线耳包扎方法

接线盒内线连

软线压接圈做法

软线与平压柱连接

双芯线对接方法

铜硬导线单股对接

铜硬导线多股对接

铜硬导线多股线分支连接

头攻头在针孔上接线

小截面分线连接

直线连接1式

Chapter 5

第五章

常用低压变压器与电动机

一、变压器的用途和种类

1. 变压器的用途

变压器是一种能将某一种电压、电流相数的交流电能转变成另一种电压、电流相数的交流电能的电器。

在生产和生活中，经常会用到各种高低不同的电压，如工厂中常用的三相异步电动机，它的额定电压是 380V 或 220V；照明电路中要用 220V；机床照明、行灯等只需要 36V、24V，甚至更低的电压；在高压输电系统中需用 110kV、220kV 以上的电压输电。如果用很多电压不同的发电机来供给这些负载，不但不经济、不方便，事实上也不可能实现。为了满足输配电和用电的需要，就要使用变压器把同一交流电压转变成频率相同的不同等级的电压，以满足不同负载的使用要求。

变压器不仅用于改变电压，还可以用于改变电流（如变流器、大电流发生器等）、改变相位（如改变线圈的连接方法来改变变压器的极性或组别）、变换阻抗（电子线路中的输入、输出变压器）等等。

总之，变压器的作用很广，它是输配电系统、用电、电工测量、电子技术等方面不可或缺的一项重要电气设备。

2. 变压器的种类

变压器的种类很多，按相数可分为单相、三相和多相变压器（如 ZSJK、ZSGK、六相整流变压器）。按结构形式可分为芯式和壳式。

按用途可分为如下几类：

❶ 电力变压器——这是一种在输配电系统中使用的变压器，它的容量可由十到几十万千伏安，电压由几百到几十万伏。

❷ 特殊电源变压器——如电焊变压器。

❸ 量测变压器——如各种电流互感器和电压互感器。

❹ 各种控制变压器。

二、变压器的工作原理

变压器的基本工作原理是电磁感应原理。如图 5-1 所示是一个最简单的单相变压器，其基本结构是在闭合的铁芯上绕有两个匝数不等的绕组（又称线圈），在绕组之间、铁芯和绕组之间均相互绝缘，铁芯由硅钢片叠成。

现将匝数为 W_1 的绕组与电源相连，称该绕组为原绕组或初级绕组。匝数为 W_2 的绕组通过开关 K 与负载相连，称为副绕组或次级绕组。当合上开关 K，把交流电压 U_1 加到原绕组 W_1 上后，交流电流 I_1 流入该绕组就产生励磁作用，在铁芯中产生交变的磁通量 Φ，不仅穿过原绕组，同时也穿过副绕组，它分别在两个绕组中产生感应电动势。这时，如果开关 K 合上，W_2 与外电路的负载相连通，便有电流 I_2 流出，负载端电压即为 U_2，于是输出电能。

三、电力变压器的结构

电力变压器主要由铁芯、绕组、油箱（外壳）、变压器油、套管以及其他附件所构成，其外形如图 5-2 所示。

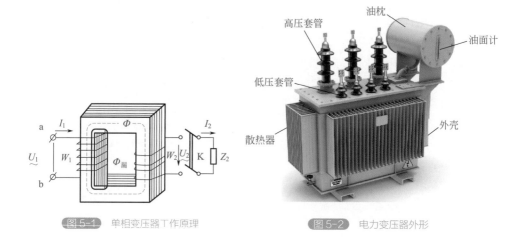

图 5-1　单相变压器工作原理

图 5-2　电力变压器外形

四、电力变压器的型号与铭牌

1. 电力变压器的型号

电力变压器的型号由两部分组成：字母符号部分表示其类型和特点；数字部分斜线左方表示额定容量，单位为 kV·A，斜线右方表示原边电压，单位 kV。如下所示。

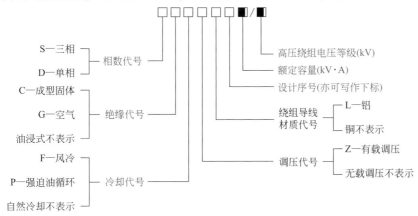

例如SF11-2000/110表示三相、油浸式、绝缘系统温度为105℃、风冷、双绕组、无励磁调压、铜导线、铁芯材质为电工钢、损耗水平代号为"11"、2000kV·A、110kV级电力变压器。

又如SCB10-500/10表示三相、浇注式、绝缘系统温度为130℃、自冷、双绕组、无励磁调压、高压绕组采用铜导线、低压绕组采用铜箔、铁芯材质为电工钢、损耗水平代号为"10"、500kV·A、10kV级干式电力变压器。

电力变压器型号中所用字母代表符号含义见表5-1。

表5-1 电力变压器型号中所用字母代表符号含义

序号	分类	含义		代表字母
1	绕组耦合方式	独立		—
		自"耦"		O
2	相数	"单"相		D
		"三"相		S
3	绕组外绝缘介质	变压器油		—
		空气（"干"式）		G
		"气"体		Q
		"成"型固体	浇注式	C
			包"绕"式	CR
		高"燃"点绝缘液体		R
		植"物"油		W

续表

序号	分类	含义		代表字母
4	绝缘系统温度①	油浸式	105℃	—
			120℃	E
			130℃	B
			155℃	F
			180℃	H
			200℃	D
			220℃	C
		干式	120℃	E
			130℃	B
			155℃	—
			180℃	H
			200℃	D
			220℃	C
5	冷却装置种类	自然循环冷却装置		—
		"风"冷却器		F
		"水"冷却器		S
6	油循环方式	自然循环		—
		强"迫"循环		P
7	绕组数	双绕组		—
		"三"绕组		S
		"分"裂绕组		F
8	调压方式	无励磁调压		—
		有"载"调压		Z
9	线圈导线材质②	铜线		—
		铜"箔"		B
		"铝"线		L
		"铝箔"		LB
		"铜铝"组合③		TL
		"电缆"		DL

续表

序号	分类	含义		代表字母
10	铁芯材质	电工钢		—
		非晶"合"金		H
11	特殊用途或特殊结构④	"密"封式⑤		M
		无励磁"调"容用		T
		有"载调"容用		ZT
		发电"厂"和变电所用		CY
		全"绝"缘⑥		J
		同步电机"励磁"用		LC
		"地"下用		D
		"风"力发电用		F
		"海"上风力发电用		F（H）
		三相组"合"式⑦		H
		"解体"运输		JT
		内附串联电抗器		K
		光伏发电用		G
		智能电网用		ZN
		核岛用		IE
		电力"机车"用		JC
		"高过载"用		GZ
		卷（"绕"）铁芯	一般结构	R
			"立"体结构	RL

① "绝缘系统温度"的字母表示应用括号括上（混合绝缘应用字母"M"连同所采用的最高绝缘系统温度所对应的字母共同表示）。

② 如果调压线圈或调压段的导线材质为铜、其他导线材质为铝时表示铝。

③ "铜铝"组合是指采用铜铝组合线圈（如：高压线圈采用铜线或铜箔、低压线圈采用铝线或铝箔，或低压线圈采用铜线或铜箔、高压线圈采用铝线或铝箔）的产品。

④ 对于同时具有两种及以上特殊用途或特殊结构的产品，其字母之间用"*"隔开。

⑤ "密"封式只适用于系统标称电压为 35kV 及以下的产品。

⑥ 全"绝"缘只适用于系统标称电压为 110kV 及以上的产品。

⑦ 三相组"合"式只适用于系统标称电压为 110kV 及以上的三相产品。

2. 电力变压器的铭牌

电力变压器的铭牌如图 5-3 所示。

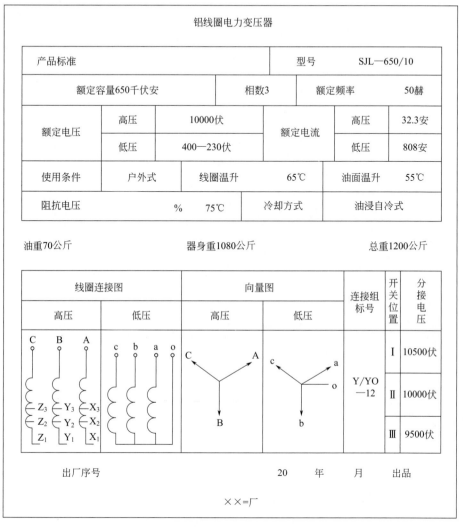

铝线圈电力变压器					
产品标准				型号	SJL—650/10
额定容量650千伏安			相数3	额定频率	50赫
额定电压	高压	10000伏	额定电流	高压	32.3安
	低压	400—230伏		低压	808安
使用条件	户外式	线圈温升	65℃	油面温升	55℃
阻抗电压	%	75℃	冷却方式	油浸自冷式	

油重70公斤　　　　　　器身重1080公斤　　　　　　总重1200公斤

线圈连接图		向量图		连接组标号	开关位置	分接电压
高压	低压	高压	低压		Ⅰ	10500伏
				Y/YO—12	Ⅱ	10000伏
					Ⅲ	9500伏

出厂序号　　　　　　　　　20　年　月　出品

××=厂

图 5-3　变压器的铭牌

（1）型号

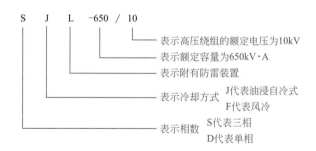

S　J　L　-650 / 10

表示高压绕组的额定电压为10kV

表示额定容量为650kV·A

表示附有防雷装置

表示冷却方式　J代表油浸自冷式
　　　　　　　F代表风冷

表示相数　S代表三相
　　　　　D代表单相

此变压器使用在户外，故附有防雷装置。

（2）**额定容量**　表示变压器可能传递的最大功率，用视在功率表示，单位为 kV·A。

$$三相变压器额定容量=\sqrt{3} \times 额定电压 \times 额定电流$$

$$单相变压器额定容量=额定电压 \times 额定电流$$

（3）**额定电压**　原绕组的额定电压是指加在原绕组上的正常工作电压值。它是根据变压器的绝缘强度和允许发热条件规定的。副绕组的额定电压是指变压器在空载时，原绕组加上额定电压后副绕组两端的电压值。

在三相变压器中，额定电压是指线电压，单位为 V 或 kV。

（4）**额定电流**　变压器线圈允许长时间连续通过的工作电流，就是变压器的额定电流。单位为安培，在三相变压器中是指线电流。

（5）**温升**　温升是指变压器在额定运行情况时允许超出周围环境温度的数值，它取决于变压器所用绝缘材料的等级。在变压器内部，线圈发热最厉害。这台变压器使用 A 级绝缘材料，故规定线圈的温升为 65℃，箱盖下的油面温升为 55℃。

（6）**阻抗电压（或百分阻抗）**　通常以 % 表示，它表示变压器内部阻抗压降占额定电压的百分数。

五、三相变压器

三相电力系统中要使用三相变压器。三相变压器实际上就是三个同容量的单相变压器的组合，如图 5-4 所示。它共有三个铁芯柱，每个铁芯柱上各装一个额定电压高的绕组（简称高压绕组）和额定电压低的绕组（简称低压绕组）。在高压绕组起端用 A、B、C 表示，末端用 X、Y、Z 表示。低压绕组的起端和末端分别用小写的 a、b、c 和 x、y、z 表示，零点以 0 表示。三相变压器的高压和低压绕组根据需要均可分别接成星形（Y）或三角形（△）。若各绕组作星形联结并有零点时则以 Y0 表示该变压器一定要接地。

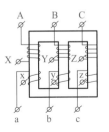

图 5-4　三相变压器

一台三相变压器一般有四种接法：Y/Y、Y/△、△/Y、△/△。分子表示高压绕组的接法，分母表示低压绕组的接法。对称的三相联结，通常有 Y、△、Z 三种接法，其中常用的是现行国家标准所规定的 Y/Y0-12、Y/△-11、Y0/△-11 三种。

当采用 Y/Y0-12 接法时，三相绕组的联结图和高、低压绕组的电压矢量图如图 5-5（a）、（b）所示。从图 5-5（b）中可以看出，高、低压绕组各对应端的线电压相同，即 U_{AB} 与 U_{ab}、U_{BC} 与 U_{bc}、U_{CA} 与 U_{ca} 同相，图 5-5（b）中只画出了 U_{AB} 和 U_{ab}。若假设高压边的线电压矢量 U_{AB} 为时钟的分针，低压边的线电压矢量 U_{ab} 为时钟的时针，则高、低压边对应线电压同相的情况，可看作 12 点时钟面上分针与时针的位置[如图 5-5（c）所示]，用 Y/Y0-12 表示。这种方法称为变压器联结组的时钟表示法。

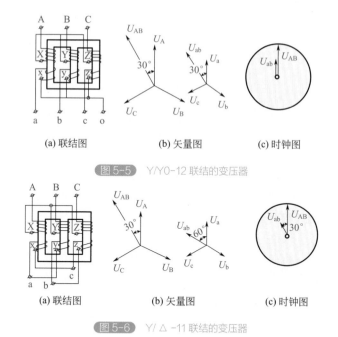

(a) 联结图　　　　　(b) 矢量图　　　　　(c) 时钟图

图 5-5　Y/Y0-12 联结的变压器

(a) 联结图　　　　　(b) 矢量图　　　　　(c) 时钟图

图 5-6　Y/△-11 联结的变压器

在采用 Y/△-11 接法时，三相绕组的联结图和高、低压绕组的电压矢量图如图 5-6 所示。此时，线电压 U_{ab} 等于 $-U_b$，故 U_{AB} 与 U_{ab} 之间有 30° 角的相位差，可看作是 11 点时钟面上的分针与时针的位置［如图 5-6（c）所示］，故用 Y/△-11 表示。

在三相变压器接线中，高压绕组一般接成星形，这是因为星形联结的相电压为线电压的 $1/\sqrt{3}$，有利于线圈绝缘。低压绕组通常接成△形以减小负载不平衡时的影响。

Y/Y0-12 联结法应用于副边电压为 400V/230V 的配电变压器中，供低压动力及照明混合负载用。此种接法会引起附加涡流损耗，目前，最大额定容量只做到 1800kV·A。Y/△-11 联结法用于副边电压高于 400V 的情况，副边采用△形接法对运行有利。Y0/△-11 则用于 110kV 以上的高压输电线路，为该线路提供高压边接地的可能性。

 电工考证中容易出错的变压器功率 kVA 和电机功率 kW 的关系理解：

变压器功率一般用视在功率表示，符号是 S，单位是 V·A 或是 kV·A。

常说的功率是有功功率，符号为 P，单位是 W 或是 kW。

交流电中，功率分三种，即有功功率 P、无功功率 Q 和视在功率 S，任何时候这三种功率总是同时存在的。

视在功率：$S = 1.732UI$

有功功率：$P = 1.732UI\cos\varphi$

变压器额定容量是指主分接下视在功率的惯用值。在变压器铭牌上规定的容量就是额定容量。对于变压器而言，额定容量一般以 kV·A 表示。

六、自耦变压器

原、副边额定电压相差不大的场合可采用自耦变压器。图 5-7 所示的为单相自耦变压器。它与一般变压器的不同之处是把变压器的原、副绕组合并成一个绕组，其中，高压绕组一部分兼作低压绕组，它的高、低压绕组是连通的，其电压比和单相变压器相同，仍为：

$$\frac{U_1}{U_2} = \frac{W_1}{W_2} = Ku$$

自耦变压器的原理与检修

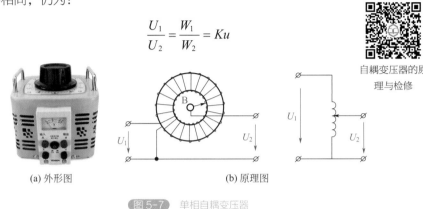

(a) 外形图　　　　　　　　　　　(b) 原理图

图 5-7　单相自耦变压器

图 5-7（a）是目前普遍应用的低压小容量自耦变压器，图 5-7（b）为原理图。其副绕组的分接头 B 大都做成沿绕组自由滑动的触头，可以平滑地调节副绕组电压，所以称自耦变压器。另外，还有三相自耦变压器如图 5-8 所示，其工作原理与单相自耦变压器相同。三相自耦变压器常接成星形，可用作三相异步电动机的降压启动设备。

由于自耦变压器高、低压绕组直接带电，故对低压方面的绝缘要求很高，这又是缺点。应该注意的是自耦变压器不能作为安全变压器使用，因为，万一接错线路将会发生触电事故。如图 5-9 所示，接错线路以后，虽然次级电路只有 12V 电压，但当工作人员触及次级电路任何一端时，都会发生触电事故。

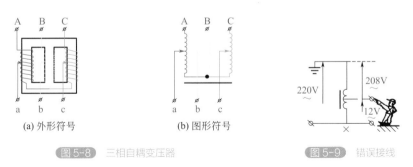

(a) 外形符号　　　　　　　　(b) 图形符号

图 5-8　三相自耦变压器　　　　　　　　　图 5-9　错误接线

七、多绕组变压器

多绕组变压器如图 5-10 所示，只有一个原绕组，有多个副绕组。当原绕组接上电源后，副绕组就能输送出几种不同的电压。其变压比为：

$$\frac{U_1}{U_2} = \frac{W_1}{W_2}$$

$$\frac{U_1}{U_3} = \frac{W_1}{W_3}$$

这样，一只多绕组变压器可代替好几只双绕组变压器。这种变压器在电子电路中得到广泛应用，如电视电源变压器就是这种多绕组变压器。图 5-11 所示为一种电源变压器的外形和线路，常用在 21 英寸电视上。

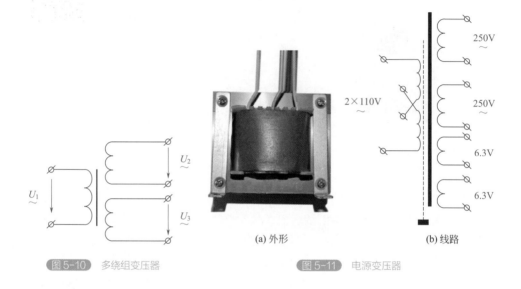

(a) 外形　　(b) 线路

图 5-10　多绕组变压器　　图 5-11　电源变压器

八、电焊变压器

弧焊机实际就是一台特殊的降压变压器。其工作特性要求在无载时有足够的引弧电压（一般约 60 ～ 75V），负载时电压下降（额定工作状态约 30V），而短路时电流又不能过大。此外，为适用于不同焊件及不同焊条，还要求能调节焊接电流的大小。

普通抽头交流电焊机是一种供单人操作的交流电焊机。焊机的空载电压为 75V、工作电压为 40V、焊接电流调节范围为 120 ～ 550A。焊机的外形及电路接线结构如图 5-12 所示。它具有体积小、重量轻、效率高以及性能好等特点。

由接线图可知，它也是一台具有二只或三只铁芯柱的降压变压器。其初级、次级线圈分装于主铁芯两侧，通过调整初级抽头调整电流，可使焊接电流在较大范围内调节，以适应焊接规范的需要。

BX1-330 型交流电焊机的外形及构造原理如图 5-13 所示。它是一台具有三只铁芯柱的单相漏磁式降压变压器，其中，两边为固定主铁芯，中间为可动铁芯。变压器的一次侧线圈为筒形，绕在一个主铁芯柱上。二次侧线圈分为两部分，一部分绕在线圈外面，另一部分兼作电抗线圈，绕在另一个主铁芯柱上。电焊机的两侧装有

接线板，一侧为一次侧接线板，供接入回路作电源用；另一侧为二次侧接线板，供
接往焊接回路中用。并可采用接法Ⅰ和Ⅱ两种方法进行电流的粗调节，转动电焊机
的电流调节手柄可以使中间的可动铁芯前后移动，进行电流的细调节。

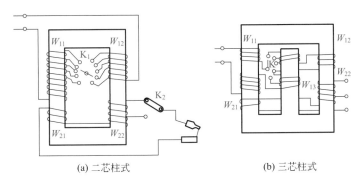

(a) 二芯柱式　　　　　　　　　(b) 三芯柱式

图 5-12　普通交流电焊机外形及电路接线结构

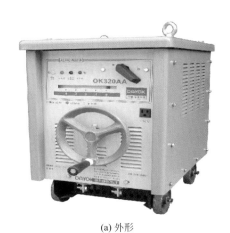

(a) 外形

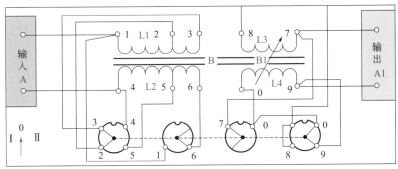

L1, L2—初级绕组；L3, L4—次级绕组；B1—动铁芯；B—静铁芯；A, A1—接线片

(b) 构造原理

图 5-13　BX1-330 型交流电焊机的外形及构造原理

电焊机焊把线的正确接线：

电焊机焊把线接正极和负极都可以，主要看应用。

焊把线：

❶ 地线接负极 -，焊把接正极 +。属于直流反接。

❷ 地线接正极 +，焊把接负极 -。属于直流正接。

所以，一般电焊机焊把线都是直流地线接负极 -，焊把接正极 +。

电焊机的维修

第二节　常用低压电动机

一、直流电动机常见故障及检查

（1）电刷下火花过大　直流电机故障多数是从换向火花的增大反映出来的。换向火花有 1、$1\frac{1}{4}$、$1\frac{1}{2}$、2、3 五级。微弱的火花对电机运行并无危害，如果火花范围扩大或程度加剧，就会灼伤换向器及电刷，甚至使电机不能运行，火花等级及电机运行情况见表 5-2。

表5-2　电刷下火花等级

火花等级	程度	换向器及电刷的状态	允许运行方式
1	无火花	换向器上没有黑痕，电刷上没有灼痕	允许长期连续运行
$1\frac{1}{4}$	电刷边缘仅小部分有微弱的点状火花或有非放电性的红色小火花		
$1\frac{1}{2}$	电刷边缘大部分或全部有微弱的火花	换向器上有黑痕出现，但不发展，用汽油即能擦除，同时在电刷上有轻微的灼痕	
2	电刷边缘大部分或全部有较强烈的火花	换向器上有黑痕出现，用汽油不能擦除，同时电刷上有灼痕（如短时出现这一级火花，换向器上不会出现灼痕，电刷不会被烧焦或损坏）	仅在短时过载或短时冲击负载时允许出现
3	电刷的整个边缘有强烈的火花，有时有大火花飞出（即环火）	换向器上黑痕相当严重，用汽油不能擦除，同时电刷上有灼痕（如在这一级火花等级下短时运行，则换向器上将出现灼痕，同时电刷将被烧焦）	仅在直接启动或逆转瞬间允许存在，但不得损坏换向器

（2）产生火花的原因及检查方法

❶ 电机过载造成火花过大　可测电机的电流是否超过额定值，如电流过大，说明电机过载。

② 电刷与换向器接触不良　换向器表面太脏；弹簧压力不合适，可用弹簧秤或凭经验调节弹簧压力；在更换电刷时，错换了其他型号的电刷；电刷或刷握间隙配合太紧或太松，配合太紧可用砂布研磨，如配合太松需更换电刷；接触面太小或电刷方向放反了，接触面太小主要是在更换电刷时研磨方法不当造成的，正确的方法是用 N320 号细砂布压在电刷与换向器之间（带砂的一面对着电刷，紧贴在换向器表面上，不能将砂布拉直），砂布顺着电机工作方向移动，如图 5-14 所示。

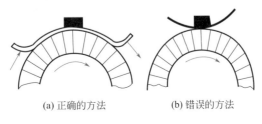

(a) 正确的方法　　　　　　(b) 错误的方法

图 5-14　磨电刷的方法

③ 刷握松动，电刷排列不成直线，电刷位置偏差越大，火花越大。

④ 电枢振动造成火花过大　电枢与各磁极间的间隙不均匀，造成电枢绕组各支路内的电压不同，其内部产生的电流使电刷产生火花；轴承磨损造成电枢与磁极上部的间隙过大，下部间隙小；联轴器轴线不正确；用带传动的电机，带过紧。

⑤ 换向片间短路　电刷粉末、换向器铜粉充满换向器的沟槽中；换向片间云母腐蚀；修换向器时形成的毛刷没有及时消除。

⑥ 电刷位置不在中性点上　修理过程中，电刷位置移动不当或刷架固定螺栓松动，造成电刷下火花过大。

⑦ 换向极绕组接反　判断的方法是，取出电枢，电机通以低压直流电。用小磁针试验换向极极性。顺着电机旋转方向，发电机为 n--N—s—S，电机为 n—S—s—N（其中大写字母为主磁极极性，小写字母为换向极极性）。

⑧ 换向极磁场太强或太弱　换向极磁场太强会出现以下现象：绿色针状火花，火花的位置在电刷与换向器的滑入端，换向器表面对称灼伤。对于发电机，可将电刷逆着旋转方向移动一个适当角度；对于电动机，可将电刷顺着旋转方向移动一个适当的角度。

换向极磁场太弱会出现以下现象：火花位置在电刷和换向器的滑出端。对于发电机，需将电刷顺着旋转方向移动一个适当角度；对于电动机，则需将电刷逆着旋转方向移动一个适当角度。

⑨ 换向器偏心　除制造原因外，主要是修理方法不当造成的。换向器片间云母凸出：进行换向器槽挖削时，边缘云母片未能清除干净，待换向片磨损后，云母片便凸出，造成跳火。

⑩ 电枢绕组与换向器脱焊　用万用表（或电桥）逐一测量电枢相邻两片绕组间的电阻，如测到某两片间的电阻大于其他任意两片的电阻，说明这两片间的绕组已经脱焊或断线。

（3）换向器的检修　换向器的片间短路、接地换向器的片间短路与接地故障，一般是由片间绝缘或对地绝缘损坏，且其间有金属屑或电刷碳粉等导电物质填充所造成的。

❶ 故障检查方法　用检查电枢绕组短路与接地故障的方法，可查出故障位置。为分清故障部位是在绕组内还是在换向器上，要把换向片与绕组相连接的线头断开，然后用校验灯检查换向片是否有片间短路或接地故障。检查中，要注意观察冒烟、发热、焦味、跳火及火花的伤痕等故障现象，以分析、寻找故障部位。

❷ 修理方法　找出故障的具体部位后，用金属器具刮除造成故障的导电物体，然后用云母粉加胶黏剂或松脂等填充绝缘的损伤部位，恢复其绝缘。若短路或接地的故障点存在于换向器的内部，必须拆开换向器，对损坏的绝缘进行更换处理。

（4）电刷的调整方法

❶ 直接调整法　首先，松开固定刷架的螺栓，戴上绝缘手套，用两手推紧刷架座，然后开车，用手慢慢沿电机旋转的逆方向转动刷架，如火花增加或不变，可改变方向旋转，直到火花最小为止。

❷ 感应法　如图 5-15 所示，当电枢静止时，将毫伏表接到相邻的两组电刷上（电刷与换向器的接触要良好），励磁绕组通过开关 K 接到 1.5～3V 的直流电源上，交替接通和断开励磁绕组的电路。毫伏表指针会左右摆动，这时，将电机刷架顺电机旋转方向或逆时针方向移动，直至毫伏表指针基本不动时，电刷位置即在中性点位置。

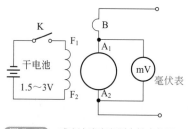

图 5-15　感应法确定电刷中性点位置

❸ 正反转电动机法　对于允许逆转的直流电动机，先使电动机顺转，后逆转，随时调整电刷位置，直到正反转转速一致时，电刷所在的位置就是中性点的位置。

（5）发电机不发电、电压低及电压不稳定

❶ 对自励电机来说，造成不发电的原因之一是剩磁消失。这种故障一般出现在新安装或经过检修的发动机上。如没有剩磁，可进行充磁。其方法是，待发电机转起来以后，用 12V 左右的干电池（或蓄电池），负极对主磁极的负极，正极对主磁极的正极进行接触，观察跨在发电机输出端的电压表，如果电压开始建立，即可撤除电压表。

❷ 励磁线圈接反。

❸ 电枢线圈匝间短路。其原因为绕组间短路、换向片间或升高片间有焊锡等金属短接。电枢短路的故障可以用短路探测器检查。对于没有发现绕组烧毁又没有拆开的电机，可用毫伏表校验换向片间电压的方法检查。检查前，必须首先分清此电枢绕组是叠绕形式还是波绕形式。因采用叠绕组的电机每对用线连接的电刷间有两个并联支路，而采用波绕组的电机每对用线连接的电刷间最多只有一个绕组元件。实际区分时，将电刷连线拆开，用电桥测量其电阻值，如原连的两组电刷间电阻值

小，而正负电刷间的阻值较大，可认为是波绕组；如四组电刷间的电阻基本相等，可认为是叠绕组。

在分清绕组形式后，可将低压直流电源接到正负两对电刷上，毫伏表接到相邻两个换向片上，依次检查片间电压。中、小电机常用图 5-16（a）所示的检查方法，大型电机常用图 5-16（b）所示的检查方法。在正常情况下，测得电枢绕组各换向片间的压降应该相等，或其中最小值和最大值与平均值的偏差不大于 ±5%。

如电压值是周期变化的，则表示绕组良好；如读数突然变小，则表示该片间的绕组元件局部短路；若毫伏表的读数突然为零，则表明换向片短路或绕组全部短路；片间电压突然升高，则可能是绕组断路或脱焊。

对于 4 极的波绕组，因绕组经过串联的两个绕组元件后才回到相邻的换向片上，如果其中一个元件发生短路，那么表笔接触相邻的换向片，毫伏表所显示的电压会下降，但无法辨别出两个元件中哪个损坏。因此，还需把毫伏表跨到相当于一个换向节距的两个换向片上，才能显示出故障的元件。其检查方法如图 5-17 所示。

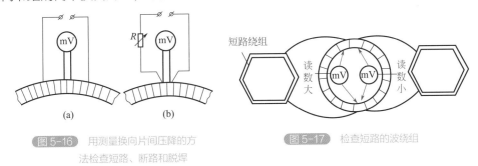

图 5-16　用测量换向片间压降的方法检查短路、断路和脱焊

图 5-17　检查短路的波绕组

④ 励磁绕组或控制电路断路。

⑤ 电刷不在中性点位置或电刷与换向器接触不良。

⑥ 转速不正常。

⑦ 旋转方向错误（指自励电机）。

⑧ 串励绕组接反。故障表现为发电机接负载后，负载越大电压越低。

（6）电动机不能启动

① 电动机无电源或电源电压过低。

② 电动机启动后有"嗡嗡"声而不转。其原因是过载，处理方法与交流异步电动机相同。

③ 电动机空载仍不能启动。可在电枢电路中串联电流表测量电流，如电流小可能是电路电阻过大、电刷与换向器接触不良或电刷卡住；如果电流过大（超过额定电流），可能是电枢严重短路或励磁电路断路。

（7）电动机转速不正常

① 转速高：串励电动机空载启动；积复励电动机，串励绕组接反；磁极线圈断线（指两路并励的绕组）；磁极绕组电阻过大。

② 转速低：电刷不在中性线上，电枢绕组短路或接地。电枢绕组接地，可用校

验灯检查，其方法如图5-18所示。

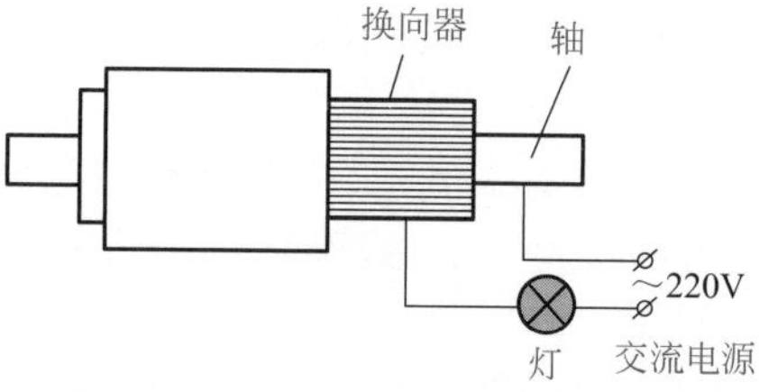

（8）电枢绕组过热或烧毁

❶ 长期过载，换向磁极或电枢绕组短路。

❷ 直流发电机负载短路造成电流过大。

❸ 电压过低。

❹ 电机正反转过于频繁。

❺ 定子与转子相摩擦。

图 5-18 用校验灯检查电枢绕组的接地点

（9）磁极线圈过热

❶ 并励绕组部分短路。可用电桥测量每个线圈的电阻，是否与标准值相符或接近，电阻值相差很大的绕组应拆下重绕。

❷ 发电机气隙太大。查看励磁电流是否过大，拆开电机，调整气隙（即垫入铁皮）。

❸ 复励发电机负载时，电压不足，调整电压后励磁电流过大；该发电机串励绕组极性接反，串励线圈应重新接线。

❹ 发电机转速太低。

（10）电枢振动

❶ 电枢平衡未校好。

❷ 检修时，风叶装错位置或平衡块移动。

（11）直流电机常见故障及处理方法 表5-3列出了直流电机常见的故障与处理方法。

表5-3　直流电机常见的故障与处理方法

故障现象	可能原因	处理方法
电刷下火花过大	① 电刷与换向器接触不良 ② 刷握松动或装置不正 ③ 电刷与刷握配合太紧 ④ 电刷压力大小不当或不均 ⑤ 换向器表面不光洁、不圆或有污垢 ⑥ 换向片间云母凸出 ⑦ 电刷位置不在中性线上 ⑧ 电刷磨损过度，或所用牌号及尺寸不符 ⑨ 过载 ⑩ 电机底脚松动，发生振动 ⑪ 换向极绕组短路 ⑫ 电枢绕组与换向器脱焊 ⑬ 检修时将换向极绕组接反 ⑭ 电刷之间的电流分布不均匀 ⑮ 电刷分布不等分 ⑯ 转子平衡未校好	① 研磨电刷接触面，并在轻载下运转 30 ～ 60min ② 紧固或纠正刷握装置 ③ 略微磨小电刷尺寸 ④ 用弹簧秤校正电刷压力，使其为 12 ～ 17kPa ⑤ 清洁或研磨换向器表面 ⑥ 换向器刻槽、倒角，再研磨 ⑦ 调整刷杆座至原有记号的位置，或按感应法校得中性线位置 ⑧ 更换新电刷 ⑨ 恢复正常负载 ⑩ 固定底脚螺钉 ⑪ 检查换向极绕组，修理绝缘损坏处 ⑫ 用毫伏表检查换向片间电压是否呈周期性出现，如某两片之间电压特别大，说明该处有脱焊现象，须进行重焊 ⑬ 用小磁针试验换向极极性，并纠正换向极与主极极性关系，顺着电机旋转方向，发电机为 n-N-s-S，电动机为 n-S-s-N（大写字母为主极磁极性，小写字母为换向极极性） ⑭ a. 调整刷架等分 　 b. 按原牌号及尺寸更换新电刷 ⑮ 校正电刷等分 ⑯ 重校转子动平衡

故障现象	可能原因	处理方法
发电机电压不能建立	① 剩磁消失 ② 励磁绕组接反 ③ 旋转方向错误 ④ 励磁绕组断路 ⑤ 电枢短路 ⑥ 电刷接触不良 ⑦ 磁场回路电阻过大	① 另用直流电通入并励绕组，产生磁场 ② 纠正接线 ③ 改变旋转方向（按箭头所示方向） ④ 检查励磁绕组及磁场变阻器的连接是否松脱或接错，磁场绕组或变阻器内部是否断路 ⑤ 检查换向器表面及接头片是否有短路，用毫伏表测试电枢绕组是否短路 ⑥ 检查刷握弹簧是否松弛或改善接触面 ⑦ 检查磁场变阻器和励磁绕组电阻大小并检查接触是否良好
发电机电压过低	① 并励磁场绕组部分短路 ② 转速太低 ③ 电刷不在正常位置 ④ 换向片之间有导电体 ⑤ 换向极绕组接反 ⑥ 串励磁场绕组接反 ⑦ 过载	① 分别测量每一绕组的电阻，修理或调换电阻特别低的绕组 ② 提高转速至额定值 ③ 按所刻记号，调整刷杆座位置 ④ 云母片拉槽清除杂物 ⑤ 用小磁针试验换向极极性 ⑥ 纠正接线 ⑦ 减少负载
电动机不能启动	① 无电源 ② 过载 ③ 启动电流太小 ④ 电刷接触不良 ⑤ 励磁回路断路	① 检查线路是否完好，启动器连接是否准确，保险丝是否熔断 ② 减少负载 ③ 检查所用启动器是否合适 ④ 检查刷握弹簧是否松弛或改善接触面 ⑤ 检查变阻器及磁场绕组是否断路，更换绕组
电动机转速不正常	① 电动机转速过高，且有剧烈火花 ② 电刷不在正常位置 ③ 电枢及磁场绕组短路 ④ 串励电动机轻载或空载运转 ⑤ 串励磁场绕组接反 ⑥ 磁场回路电阻过大	① 检查磁场绕组与启动器（或调速器）连接是否良好，是否接错，磁场绕组或调速器内部是否断路 ② 按所刻记号调整刷杆座位置 ③ 检查是否短路（磁场绕组需每极分别测量电阻） ④ 增加负载 ⑤ 纠正接线 ⑥ 检查磁场变阻器和励磁绕组电阻，并检查接触是否良好
电枢冒烟	① 长时期过载 ② 换向器或电枢短路 ③ 负载回路 ④ 电动机端电压过低 ⑤ 电动机直接启动或反向运转过于频繁 ⑥ 定子、转子铁芯相擦	① 立即恢复正常负载 ② 用毫伏表检查是否短路，是否有金属屑落入换向器或电枢绕组中 ③ 检查线路是否有短路 ④ 恢复电压至正常值 ⑤ 使用适当的启动器，避免频繁地反复运转 ⑥ 检查电动机气隙是否均匀，轴承是否有磨损

续表

故障现象	可能原因	处理方法
磁场线圈过热	① 并励磁场绕组部分短路 ② 电机转速太低 ③ 电机端电压长期超过额定值	① 分别测量每一绕组电阻，修理或调换电阻特别低的绕组 ② 提高转速至额定值 ③ 恢复电压至额定值
其他	① 机壳漏电 ② 并励（带有少量串励稳定绕组）电动机启动时反转，启动后又变为正转 ③ 轴承漏油	① a. 电机绝缘电阻过低，用 500V 兆欧表测量绕组对地绝缘电阻，如低于 0.5MΩ，应加以烘干 b. 出线头碰壳 c. 出线板或绕组某处绝缘损坏需修复 d. 接地装置不良，加以纠正 ② 串励绕组接反，互换串励绕组两个出线头 ③ a. 润滑脂加得太满（正常约为轴承室 2/3 的空间）或所用润滑脂质地不符合要求，需更正 b. 轴承温度过高（轴承如有不正常噪声应取出，清洗、检查、换油，如钢珠或钢圈有裂纹，应予更换）

（12）直流电机的拆装　拆卸前要进行整机检查，熟悉全机有关的情况，做好有关记录，充分做好施工的准备工作。拆卸步骤如下：

❶ 拆除电机的所有接线，同时做好复位标记和记录。

❷ 拆除换向器端的端盖螺栓和轴承的螺栓，并取下轴承外盖。

❸ 打开端盖的通风窗，从各刷握中取出电刷，然后再拆下接在刷杆上的连接线，并做好电刷和连接线的复位标记。

❹ 拆卸换向器端的端盖。拆卸时先在端盖与机座的接合处打上复位标记，然后在端盖边缘处垫以木楔，用铁锤沿端盖的边缘均匀地敲打，使端盖止口慢慢地脱开机座及轴承外圈。记好刷架的位置，取下刷架。

❺ 用厚牛皮纸或布把换向器包好，以保持清洁，防止碰撞致伤。

❻ 拆除轴伸端的端盖螺钉，将连同端盖的电枢从定子内小心地抽出或吊出。操作过程中要防止擦伤绕组、铁芯和绝缘等。

❼ 把连同端盖的电枢放在准备好的木架上，并用厚纸包裹好。

❽ 拆除轴伸端的轴承盖螺钉，取下轴承外盖和端盖。轴承只在有损坏时才需取下来更换，一般情况下不要拆卸。

电机的装配步骤按拆卸的相反顺序进行。操作中，各部件应按复位标记和记录进行复位，装配刷架、电刷时，更需细心认真。

二、三相交流异步电动机检修

（1）三相异步电动机常见故障的判断及检修　三相异步电动机常见故障分电气故障和机械故障两大类。电气故障包括：定子和转子绕组的短路、断路、电刷及启动设备等故障。机械故障包括：振动过大、轴承过热、定子与转子相互摩擦及不正常噪声等。其判断与处理方法见表5-4。

表5-4 三相异步电动机运行中的常见故障及处理方法

故障现象	可能原因	处理方法
不能启动	① 电源未接通或缺相启动 ② 控制设备接线错误 ③ 熔体及过电流继电器整定电流太小 ④ 负载过大或传动机械卡死 ⑤ 定、转子绕组断路 ⑥ 定子绕组相间短路 ⑦ 定子绕组接地 ⑧ 定子绕组接线错误 ⑨ 电压过低 ⑩ 绕线转子电动机启动误操作或接线错误	① 检查电源、开关、熔体、各触头及电动机引出线头有无断路，查出故障点修复 ② 按控制线路图改正接线 ③ 根据电动机容量及负载性质正确选择和调整 ④ 增大电动机容量或减小负载，检查传动装置排除故障 ⑤⑥⑦ 重新绕制接线 ⑧ 根据电动机铭牌及电源电压纠正电动机定子绕组接法 ⑨ 检查电网电压，过低时调高，但不能超过额定值。降压启动可改变电压抽头或采用其他降压启动方法 ⑩ 检查滑环、短路装置及启动变阻器位置是否正确，启动时是否串接变阻器
电动机温升超过允许值或冒烟	① 过载或机械传动卡住 ② 缺相运行 ③ 环境温度过高或通风不畅 ④ 电压过高、过低和接法错误 ⑤ 定、转子铁芯相擦 ⑥ 电动机启动频繁 ⑦ 定子绕组接地或匝间、相间短路 ⑧ 绕线转子、电动机转子线圈接头脱焊或笼型转子断条	① 选择较大容量电动机、减轻负载和发送传动情况 ② 检查熔体、开关、触点等并排除故障 ③ 采取降温措施、减轻负载和清除风道油垢、灰尘及杂物，更换、修复损坏和打滑的风扇 ④ 测电动机输入端电压和按铭牌纠正绕组接法 ⑤ 检查轴承有无松动，定、转子装配有无不良情况，若轴承过松可镶套转轴或更换轴承 ⑥ 减少启动次数或选择合适类型的电动机 ⑦ 更换绕组 ⑧ 重新焊接或更换转子
电动机有异常噪声或振动过大	① 机械摩擦或定、转子相擦 ② 缺相运行 ③ 滚动轴承缺油或损坏 ④ 转子绕组断路 ⑤ 轴伸端弯曲 ⑥ 转子或带轮不平衡 ⑦ 带轴孔偏心或联轴器松动 ⑧ 电动机接线错误 ⑨ 安装基础不平或松动	① 检查电动机转子、风叶等是否与静止部分相擦，如相擦绝缘纸可剪去、风叶碰壳可校正紧固，铁芯相擦可锉去突出的硅钢片 ② 检查熔体、开关、触点等，并排除故障 ③ 清洗轴承加新润滑脂，添加量不宜超过轴承内容积的70% ④ 重新绕制 ⑤ 校直或更换转轴。弯曲不严重可车去1～2mm，然后镶套筒 ⑥ 转子校动平衡，带轮校静平衡 ⑦ 车正后镶内套筒和紧固联轴器 ⑧ 纠正接线 ⑨ 校正水平和紧固

续表

故障现象	可能原因	处理方法
电动机机壳带电	① 电源线与接地线接错 ② 绕组受潮或绝缘损坏 ③ 引出线绝缘损坏或与接线盒相碰和绕组端部碰壳 ④ 接线板损坏或油污太多 ⑤ 接地不良或接地电阻太大	① 纠正接线 ② 干燥处理或修补绝缘并烘干处理 ③ 包扎绝缘带或重新接线，和端部整形、加强绝缘，在槽口应衬垫绝缘浸漆 ④ 更换或清理接线板 ⑤ 检查接地装置，找出原因，并采取相应纠正方法
轴承过热	① 轴承损坏 ② 滚动轴承润滑脂过多、过少，油质过厚或有杂质 ③ 滑动轴承润滑油太少或有杂质或油环卡住 ④ 轴承与轴配合过松或过紧 ⑤ 轴承与端盖配合过松或过紧 ⑥ 带过紧或联轴器装配不良 ⑦ 电动机两端端盖或轴承盖装配不良	① 更换轴承 ② 正确添加润滑脂或清洗轴承，加新润滑脂，添加量不宜超过轴承内容积的70%，对高速或重负载的电动机可少一些 ③ 添加和更换润滑油。查明油环卡住原因，修复或更换油环 ④ 过松时将轴喷涂金属或车削后镶套，过紧时重新磨削到标准尺寸 ⑤ 过松可在端盖内镶套，过紧时重新加工轴室到标准尺寸 ⑥ 调整传动张力或校正联轴器传动装置 ⑦将端盖或轴承盖齿口装平，旋紧螺钉
电动机运行时转速低于额定值，同时电流表指针来回摆动	① 绕线转子电动机一相电刷接触不良 ② 绕线转子电动机集电环的短路装置接触不良 ③ 绕线转子、电动机转子绕组一相断路 ④ 笼型电动机转子断笼	① 调整电刷压力并改善电刷与集电环的接触 ② 修理或更换短路装置 ③ 更换绕组 ④ 更换转子或修复断笼
绕线转子电动机集电环火花过大	① 集电环表面不平和有污垢 ② 电刷牌号及尺寸不合适 ③ 电刷压力太小 ④ 电刷在刷握内卡住	① 用0号砂布磨光集电环一并清除污垢，灼痕严重时应重新加工 ② 更换合适电刷 ③ 调整电刷压力，通常为1.5～2.5N/cm² ④ 磨小电刷

（2）电动机修复后的一般性试验　修理后的电动机为保证其检修质量，应做以下的检查和试验。

❶ 修复后装配质量检查：检查轴承盖及端盖螺栓是否拧紧，转子转动是否灵活，轴伸部分是否有明显的偏摆。绕线转子电动机还应检查电刷装配情况是否符合

要求。在确认电动机情况良好后，才能进行试验。

❷ 绝缘电阻的测定：修复后的电动机绝缘电阻的测定一般在室温下进行。额定工作电压在 500V 以下的电动机，用 500V 兆欧表测量其相间绝缘电阻和绕组对地绝缘电阻。小修后的绝缘电阻应不低于 0.5MΩ，大修更换绕组后的绝缘电阻一般不应低于 5MΩ。

❸ 空载电流的测定：试验时，应在电动机定子绕组上加三相平衡的额定电压，且电动机不带负荷，如图 5-19 所示。测得的电动机任意一相空载电流与三相电流平均值的偏差不得大于 10％，试验时间为 1h。试验时可检查定子铁芯是否过热或温升不均匀，轴承温度是否正常，听电动机启动和运行中有无异常响声。

❹ 耐压试验：电动机大修后，应进行绕组对机壳及绕组相间的绝缘强度（即耐压）试验。对额定功率为 1kW 及以上的电动机，且额定电压为 380V，其试验电压为交流 50Hz，有效值为 1760V。对额定功率小于 1kW 的电动机，额定电压为 380V，其试验电压有效值为 l260V。

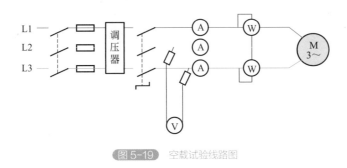

图 5-19　空载试验线路图

（3）电刷的更换及调整　电刷是电机固定部分与转动部分导电的过渡部件。电刷工作时，不但有负荷电流通过，而且还要保持与滑环表面良好的接触和滑动。因此，要求电刷应具有足够的载流能力和耐磨的力学性能。为确保电刷具有良好的电气性能和力学性能，在检查、更换和调整电刷时，应注意以下几点。

❶ 注意检查电刷的磨损情况。在正常压力下工作的电刷，随着电刷的磨损，弹簧压力会逐渐减弱，应调整压力弹簧予以补偿。当电刷磨损超过新电刷长度的 60％时，要及时更换，更换时，应尽量选用原电刷牌号及尺寸。电刷停止运行时，应仔细观察滑环表面，若表面不平、不清洁，应及时修理、清洁滑环，以保证滑环与电刷的良好接触。

❷ 更换电刷时，应将电刷与滑环表面用 0 号砂布研磨光滑，使接触面积达到电刷截面积的 75％以上，刷握与滑环的距离应为 2 ～ 4mm。

❸ 更换后的电刷在刷握内应能上下自由移动，但不能因太松而摇晃。6 ～ 12mm 的电刷在旋转方向上游隙为 0.1 ～ 0.2mm；12mm 及以上的电刷游隙为 0.15 ～ 0.4mm。

④ 测量电刷压力。用弹簧秤测量各个电刷压力时，一般电动机电刷压力为 15 ～ 25kPa，同一刷架上的电刷压力差值不应超过 10％。目测检查调整时，把电刷压力调整到不冒火花，电刷不在刷握里跳动，且摩擦声很小即可。

⑤ 更换电刷时，应检查电刷的软铜线是否牢固完整，若软铜线折断股数超过总股数的1/3 时，应更换新电刷线。

常见电动机安装、拆卸、故障检修可扫二维码观看视频学习。

步进电机的检测

伺服电机拆装与测量技术

伺服电机与编码器测量

单相电动机检修

单相电动机接线

单相电动机绕组判断

三相电动机检修

三相无刷电机的绝缘和绕组制备

直流无刷电机的拆卸

直流无刷电机的接线

直流无刷电机的组装

Chapter 6

第六章

电工考证实操常用电路与接线

一、三相电动机点动启动控制电路

1. 电路原理

点动控制电路是电动机控制电路中最常用的电路，主要由按钮开关和交流接触器构成。

三相电动机点动启动控制电路如图 6-1 所示。当合上断路器时，电动机不会启动运转，因为 KM 线圈未通电，只有按下按钮 SB1 使线圈 KM 通电，主电路中的 KM 主触点闭合，电动机 M 才可启动。这种只有按下启动按钮电动机才会运转，松开按钮电动机即停转的线路，称为点动控制线路。

2. 电路接线组装

先按照电路要求摆放好元器件，电路中元器件布局应考虑实际接线箱，按照实际接线箱安放好元器件位置，按钮开关应放在盒盖上。在接线时，一般是先把主电路用导线连接起来，然后连接控制电路，配电盘接好后，再接好电动机即可完成全部配线，如图 6-2 所示。

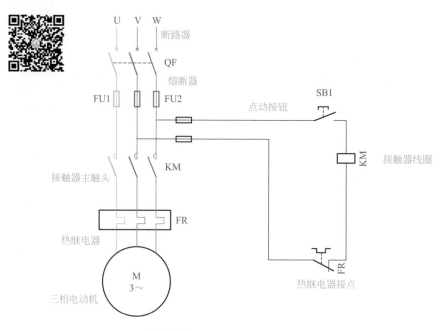

图 6-1 三相电动机点动启动控制电路

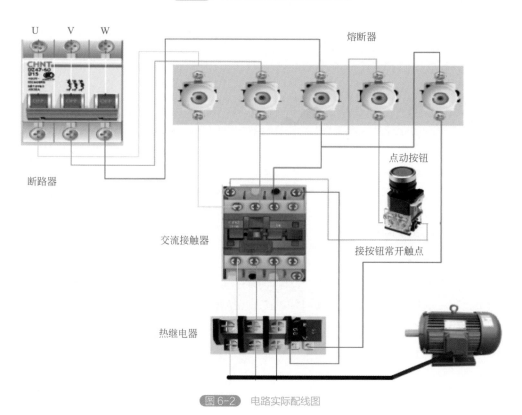

图 6-2 电路实际配线图

二、自锁式直接启动控制电路

1. 电路原理

电路原理图如图 6-3 所示。工作过程：当按下启动按钮 SB1 时，线圈 KM 通电，主触点闭合，电动机 M 启动运转，当松开按钮时，电动机 M 不会停转。因为这时，接触器线圈 KM 可以并联到 SB2 两端，已闭合的辅助触点使 KM 继续维持通电状态，电动机 M 不会失电，也不会停转。

这种松开按钮而能自行保持线圈通电的控制线路叫作具有自锁的接触器控制线路，简称自锁式控制线路。

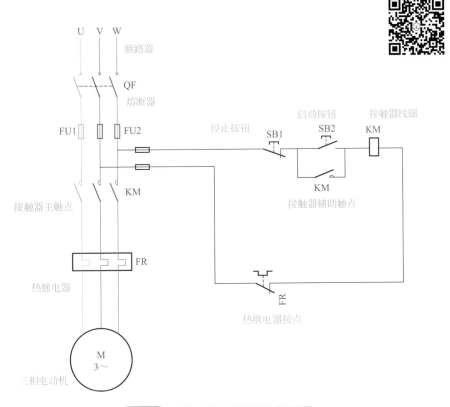

图 6-3　自锁式直接启动控制电路原理图

2. 电路接线组装

❶ 准备好元器件，并在控制箱上摆放好。

❷ 按照 U、V、W 三相顺序接好主电路线路，按照电路图接好控制电路，如图 6-4 所示。

❸ 配电盘接好后，再接好电动机即可完成全部配线，并可通电运行。

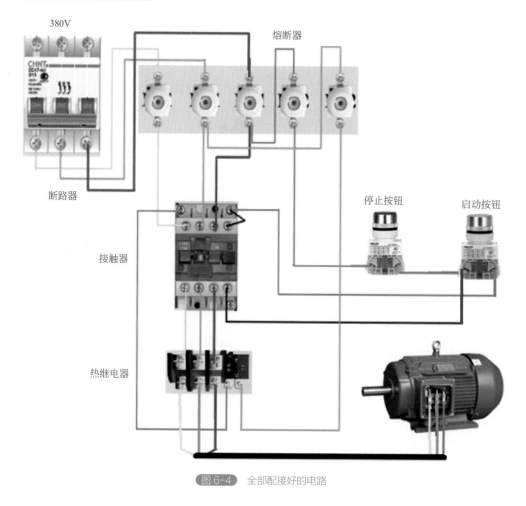

图 6-4　全部配接好的电路

三、带保护电路的直接启动自锁运行控制电路

1. 电路原理

带保护电路的直接启动自锁运行控制电路原理图如图 6-5 所示。

（1）**启动**　合上断路器 QF，按动启动按钮 SB2，KM 线圈得电后常开辅助触点闭合，同时主触点闭合，电动机 M 启动连续运转。

松开 SB2，其常开触点恢复分断后，因为交流接触器 KM 的常开辅助触点闭合时已将 SB2 短接，控制电路仍保持接通，所以交流接触器 KM 继续得电，电动机 M 实现连续运转。

像这种当松开启动按钮 SB2 后，交流接触器 KM 通过自身常开辅助触点而使线圈保持得电的作用叫做自锁（或自保）。与启动按钮 SB2 并联起自锁作用的常开辅助触点叫做自锁触点（或自保触点）。

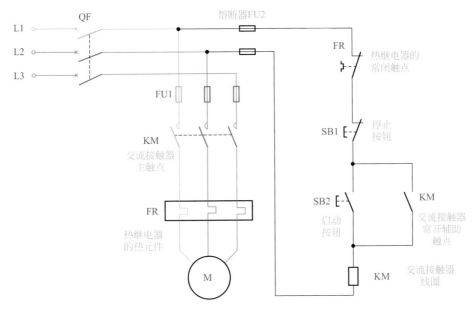

图 6-5　带保护电路的直接启动自锁运行控制电路原理图

（2）停止　按动停止按钮开关 SB1，KM 线圈断电，自锁触点和主触点分断，电动机停止转动。

当松开 SB1，其常闭触点恢复闭合后，因交流接触器 KM 的自锁触点在切断控制电路时已分断，解除了自锁，SB2 也是分断的，所以，交流接触器 KM 不能得电，电动机 M 也不会转动。

（3）线路的保护设置

❶ 短路保护　由熔断器 FU1、FU2 分别实现主电路与控制电路的短路保护。

❷ 过载保护　电动机在运行过程中，长期负载过大、启动操作频繁或者缺相运行等原因，都可能使电动机定子绕组的电流增大，超过其额定值。在这种情况下，熔断器往往并不熔断，从而引起定子绕组过热使温度升高，若温度超过允许温升就会使绝缘损坏，缩短电动机的使用寿命，严重时甚至会使电动机的定子绕组烧毁。因此，采用热继电器对电动机进行过载保护。过载保护是指电动机出现过载时能自动切断电动机电源，使电动机停转的一种保护。

在照明、电加热等一般电路里，熔断器 FU 既可以用作短路保护，又可以用作过载保护。

但对于三相异步电动机控制线路来说，熔断器只能用作短路保护。这是因为三相异步电动机的启动电流很大（全压启动时的启动电流能达到额定电流的 4 ～ 7 倍），若用熔断器作过载保护，则选择熔断器的额定电流就应等于或略大于电动机的额定电流。这样，电动机在启动时，由于启动电流大大超过了熔断器的额定电流，熔断器在很短的时间内会爆断，造成电动机无法启动，所以，熔断器只能用作短路保护，其额定电流应取电动机额定电流的 1.5 ～ 3 倍。

热继电器在三相异步电动机控制线路中只能用作过载保护，不能用作短路保护。这是因为热继电器的热惯性大，即热继电器的双金属片受热膨胀弯曲需要一定的时间。当电动机发生短路时，由于短路电流很大，热继电器还没来得及动作，供电线路和电源设备可能已经损坏；而当电动机启动时，由于启动时间很短，热继电器还未动作，电动机已启动完毕。总之，热继电器与熔断器两者所起作用不同，不能相互代替。

2. 电路接线组装

如图 6-6 所示。

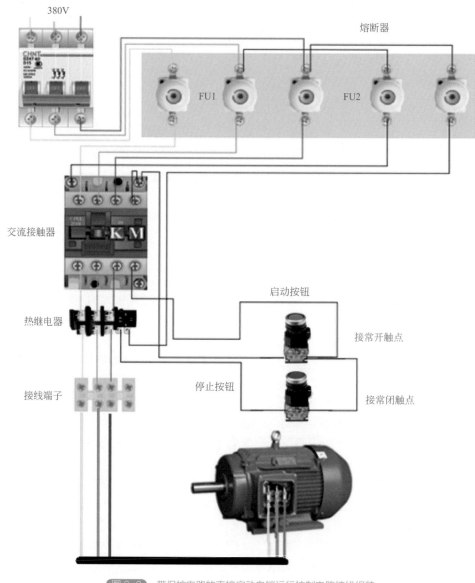

图 6-6 带保护电路的直接启动自锁运行控制电路接线组装

四、单相电容运行控制电路

电容运行式异步电动机副绕组串接一个电容后与主绕组并接于电源，副绕组和电容不仅参与启动还长期参与运行，如图 6-7 为单相电容运行式异步电动机接线原理图。单相电容运行式异步电动机的电容长期接入电源工作，因此，不能采用电解电容，通常采用纸介或油浸纸介电容。电容的容量主要是根据电动机运行性能来选取，一般比电容启动式电动机的要小一些。

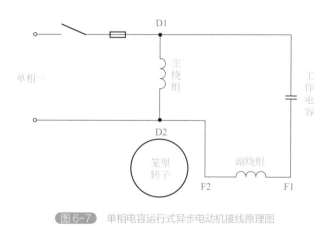

图 6-7　单相电容运行式异步电动机接线原理图

在电路接线中，把电容串联在副绕组中，如图 6-8 所示。

五、自耦变压器降压启动自动控制电路

自耦变压器高压侧接电网，低压侧接电动机。启动时，利用自耦变压器分接头来降低电动机的电压，待转速升到一定值时，自耦变压器自动脱离，电动机与电源相接，在全压下正常运行。

自耦变压器降压启动是利用自耦变压器来降低加在电动机定子绕组上的电压，达到限制启动电流的目的。电动机启动时，定子绕组加上自耦变压器的二次电压。启动结束后，自耦变压器脱离，定子绕组上加额定电压，电动机全压运行。自耦变压器外形如图 6-9 所示。

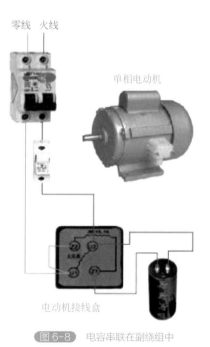

图 6-8　电容串联在副绕组中

1. 电路原理

图 6-10 是交流电动机自耦变压器降压启动自动控制电路，自动切换靠时间继电器完成，用时间继电器切换能可靠地完成由启动到运行的转换过程，不会造成启动时间的长短不一的情况，也不会因启动时间长烧毁自耦变压器。

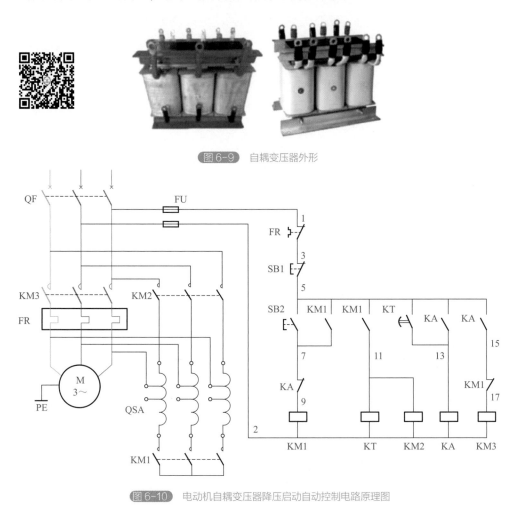

图 6-9　自耦变压器外形

图 6-10　电动机自耦变压器降压启动自动控制电路原理图

 控制过程如下：

❶ 合上断路器 QF，接通三相电源。

❷ 按启动按钮 SB2，交流接触器 KM1 线圈通电吸合并自锁，其主触点闭合，将自耦变压器线圈接成星形。与此同时，KM1 辅助常开触点闭合，使得接触器 KM2 线圈通电吸合，KM2 的主触点闭合，由自耦变压器的低压抽头（如 65%）将三相电压的 65% 接入电动机。

❸KM1 辅助常开触点闭合，使时间继电器 KT 线圈通电，并按已预置好的时间开始计时。当时间到达后，KT 的延时常开触点闭合，使中间继电器 KA 线圈通电吸合并自锁。

❹由于 KA 线圈通电，其常闭触点断开使 KM1 线圈断电，KM1 常开触点全部释放，主触点断开，使自耦变压器线圈封星端打开。同时，KM2 线圈断电，其主触点断开，切断自耦变压器电源。KA 的常开触点闭合，通过 KM1 已经复位的常闭触点，使 KM3 线圈得电吸合，KM3 主触点接通，电动机在全压下运行。

❺KM1 的常开触点断开也使时间继电器 KT 线圈断电，其延时闭合触点释放，也保证了在电动机启动任务完成后，使时间继电器 KT 可处于断电状态。

❻欲停车时，可按 SB1，则控制回路全部断电，电动机切除电源而停转。

❼电动机的过载保护由热继电器 FR 完成。

2. 电路接线组装

自耦变压器降压启动自动控制电路实物运行电路如图 6-11 所示。

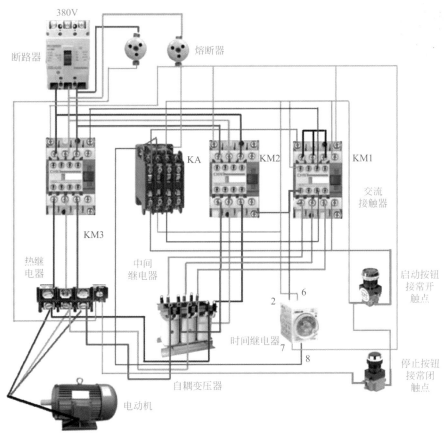

图 6-11 自耦变压器降压启动自动控制电路实物运行电路

六、三个交流接触器控制 Y-△ 降压启动电路

1. 电路原理

三个交流接触器控制 Y-△ 降压启动电路如图 6-12 所示。从主回路可知，如果控制线路能使电动机接成星形（即 KM1 主触点闭合），并且经过一段延时后再接成三角形（即 KM1 主触点打开，KM2 主触点闭合），电动机就能实现降压启动，而后，再自动转换到正常速度运行。

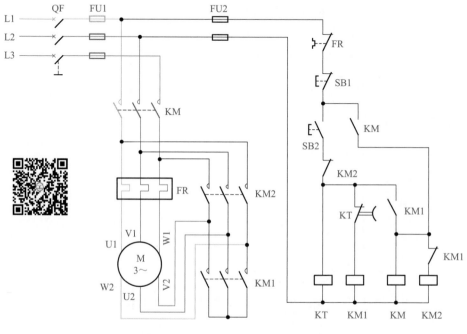

图 6-12 三个交流接触器控制 Y-△ 降压启动电路

控制线路的工作过程如下：

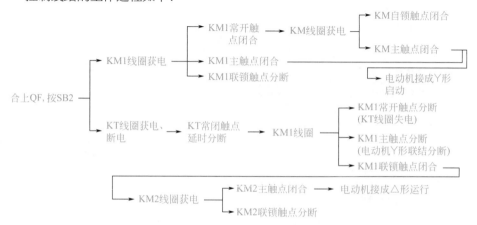

196

2. 电路接线组装

三个交流接触器控制 Y-△降压启动电路运行电路图如图 6-13 所示。

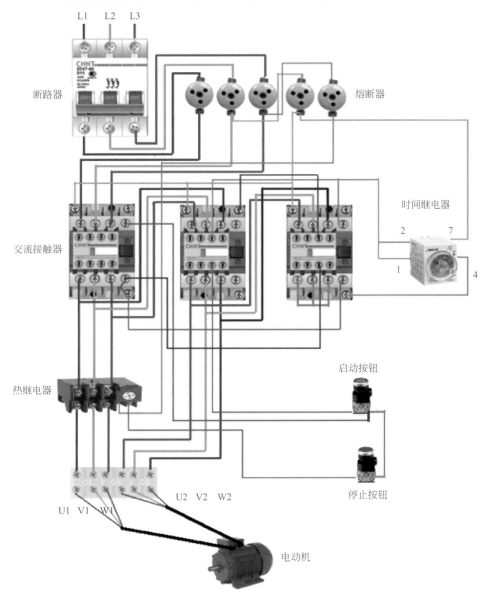

图 6-13　三个交流接触器控制 Y-△降压启动电路运行电路图

七、三相电机正反转点动控制电路

电路原理如图 6-14 所示。

❶ 合上开关 QF，接通三相电源。

❷ 按动正向启动按钮开关 SB2，SB2 的常开触点接通 KM1 线圈线路，交流接触器 KM1 线圈通电吸合，KM1 主触点闭合接通电动机电源，电动机正向运行。

❸ 按动反向启动按钮开关 SB3，SB3 的常开触点接通 KM2 线圈线路，交流接触器 KM2 线圈通电吸合，KM2 主触点闭合接通电动机电源，电动机反向运行。

❹ 在运行的过程中，只要松开按钮开关，控制电路立即无电，交流接触器断电，主触点释放，电动机停止运行。

❺ 电动机的过载保护由热继电器 FR 完成。

❻ 电路利用 KM1 和 KM2 常闭辅助触点互锁，避免线路短路。

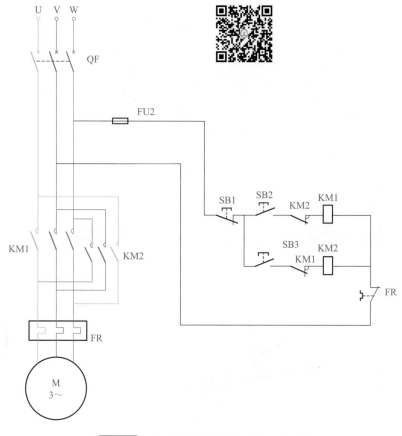

图 6-14　三相电机正反转点动控制电路原理图

三相电动机正反转控制运行电路图如图 6-15 和图 6-16 所示。

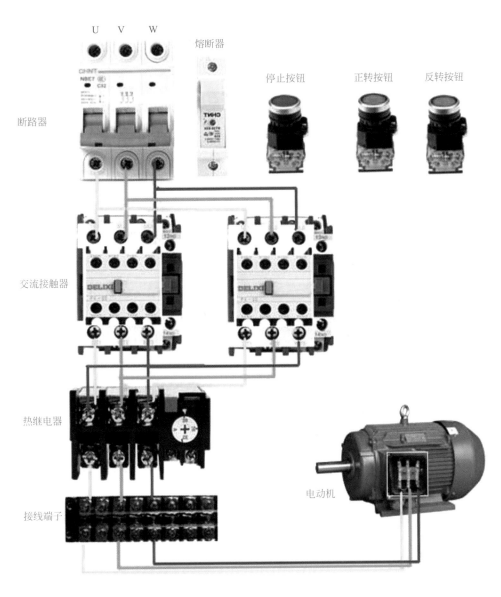

图 6-15 三相电动机正反转点动控制主回路接线图

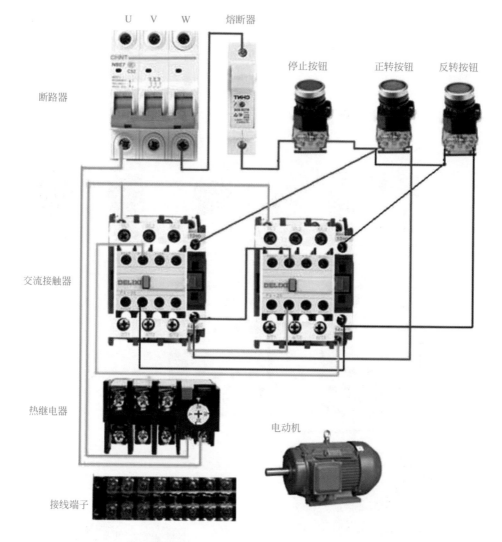

图 6-16　三相电动机正反转控制回路接线图

八、洗衣机类单相电容运行式正反转电路

　　普通单相电容运行式电动机绕组有两种结构。一种为主副绕组匝数及线径相同；另一种为主绕组匝数少且线径大，副绕组匝数多且线径小。这两种电动机内的接线相同。正反转的控制：对于不分主副绕组的电动机，控制电路如图 6-17 所示。C1 为运行电容，K 可选各种形式的双投开关。改变 K 的接点位置，即可改变电动机的运转方向，实现正反转控制。对于有主副绕组之分的单相电动机，要实现正反转控制，可改变内部副绕组与公共端接线，也可改变定子方向。

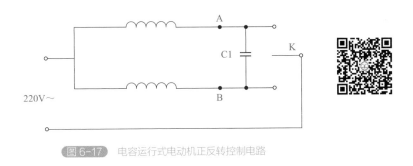

图 6-17　电容运行式电动机正反转控制电路

电路接线组装如图 **6-18** 所示。

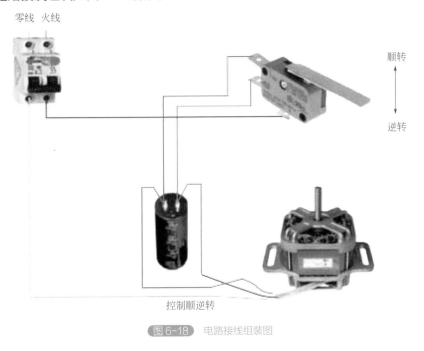

图 6-18　电路接线组装图

第二节　综合电路接线

一、浮球液位开关供水系统接线

1. 电路原理

用浮球开关控制交流接触器线圈，由交流接触器控制潜水泵工作即可。图 6-19
为用浮球开关控制交流接触器供水系统电路原理图。

浮球开关接线接到水位低时浮球下降后接通的触点，由选取的交流接触器线圈工作电压决定接 220V 或 380V 的控制电压。这样，当水位低浮球下降一定高度后触点接通，交流接触器启动水泵工作，水位升高后浮球触点断开，交流接触器自动停止水泵抽水。图 6-20、图 6-21 分别是采用 220V 和采用 380V 供电浮球液位开关供水系统原理示意图。

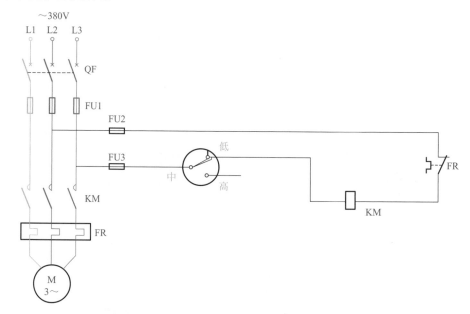

图 6-19　用浮球开关控制交流接触器供水系统电路原理图

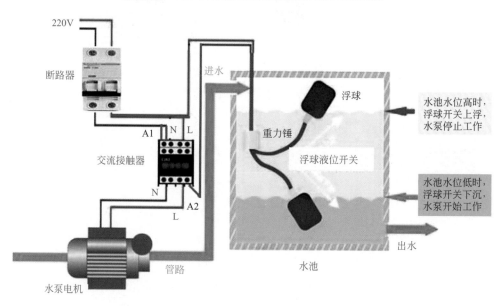

图 6-20　采用 220V 供电浮球液位开关供水系统原理示意图

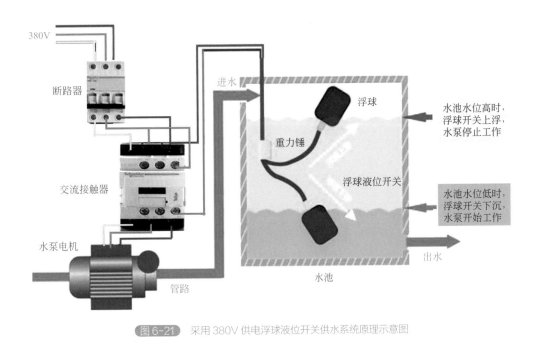

380V

断路器

交流接触器

水泵电机

管路

进水

浮球

水池水位高时，
浮球开关上浮，
水泵停止工作

重力锤

浮球液位开关

水池水位低时，
浮球开关下沉，
水泵开始工作

出水

水池

图6-21　采用380V供电浮球液位开关供水系统原理示意图

注意： 使用浮球触点浮球在低水位时，接点是接通的状态；浮球在高水位时，接点是断开的状态。

重锤使用方法如图6-22所示。

图6-22　重锤使用方法

将浮球开关的电线从重锤的中心下凹圆孔处穿入后，轻轻推动重锤，使嵌在圆孔上方的塑胶环因电线头的推力而脱落（如果有必要的话，也可用螺丝刀把此塑胶环拆下），再将这个脱落的塑胶环套在电缆上固定重锤以设定水位。轻轻地推动重锤拉出电缆，直到重锤中心扣住塑胶环。重锤只要轻扣在塑胶环中就不会滑落。

2. 浮球液位开关供水系统配电箱实物接线

　　接线如图 6-23 所示。

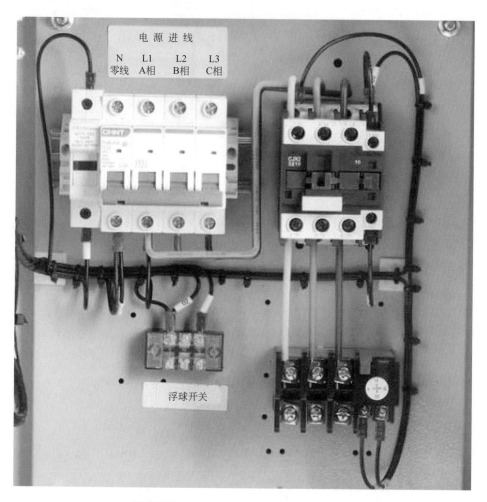

图 6-23　浮球液位开关供水系统配电箱实物接线

二、工厂企业气泵电路接线

　　电路原理如图 6-24 所示。

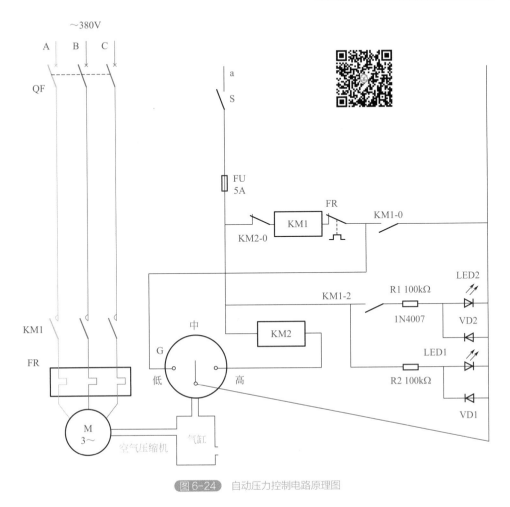

图 6-24　自动压力控制电路原理图

　　电路原理：闭合断路器 QF 及开关 S ，电源给控制器供电。当气缸内空气压力下降到电接点压力表"G"（低点）整定值以下时，表的指针使"中"点与"低"点接通，交流接触器 KM1 通电吸合并自锁，气泵 M 启动运转，红色指示灯 LED1 亮，绿色指示灯 LED2 亮，气泵开始往气缸里输送空气（逆止阀门打开，空气流入气缸内）。气缸内的空气压力也逐渐增大，使表的"中"点与"高"点接通，继电器 KM2 通电吸合，其常闭触点 KM2-0 断开，切断交流接触器 KM1 线圈的供电，即 KM1 失电释放，气泵 M 停止运转，LED2 熄灭，逆止阀门闭上。假设喷漆时，手拿喷枪端，则压力开关打开，关闭后气门开关自动闭上；当气泵气缸内的压力下降到整定值以下时，气泵 M 又启动运转。如此周而复始，使气泵气缸内的压力稳定在整定值范围内，满足喷漆用气的需要。

　　气泵和空气压缩机实物接线：

　　❶ 使用气泵磁力启动器气泵接线如图 6-25 所示。

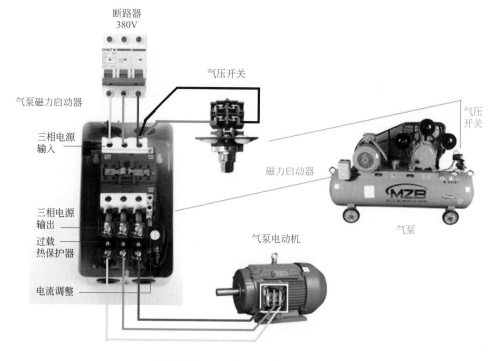

断路器
380V

气压开关

气泵磁力启动器

三相电源
输入

三相电源
输出

过载
热保护器

电流调整

气泵电动机

气压
开关

磁力启动器

气泵

图6-25 使用气泵磁力启动器气泵接线

② 使用空气压缩机配电箱大型空气压缩机接线如图 6-26 所示。

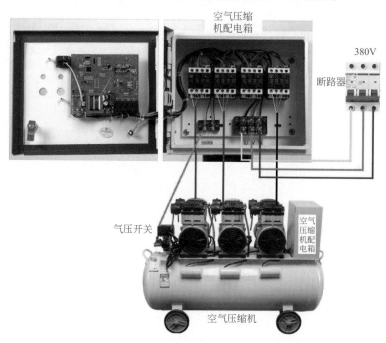

空气压缩
机配电箱

380V

断路器

气压开关

空气
压缩
机配
电箱

空气压缩机

图6-26 使用空气压缩机配电箱大型空气压缩机接线

附 录　电工证考试精选试题与答案解析

附录一　电工作业证考试精选试题与答案解析

附录一

附录二

附录二　电工作业操作证复审精选试题与答案解析

附录三　电工职业资格证精选试题与答案解析

附录三

低压电工入门考证视频教程视频清单

- 1页-触电急救
- 1页-电工人员安全须知
- 1页-电气安全管理
- 1页-电气保护接地与接零
- 1页-电气火灾的扑灭与安全要求
- 1页-灭火器与消防栓的使用
- 3页-电气图形符号的构成与使用规则
- 6页-区分继电器通电延时和断电延时
- 6页-识别继电器触点符号
- 8页-电气图的绘制原则
- 13页-数字万用表的使用
- 19页-钳形电流表的使用
- 30页-常用电工材料
- 31页-低压电器检测
- 32页-熔断器的检测1
- 32页-熔断器的检测2
- 38页-按钮开关的检测
- 45页-交流接触器的检查1
- 45页-交流接触器的检查2
- 48页-热继电器的检测
- 52页-中间继电器的检测
- 55页-电子时间继电器的检测
- 55页-机械时间继电器的检测
- 58页-区分通电延时和断电延时
- 58页-识别时间继电器触点符号
- 74页-刀开关控制电机
- 79页-万能转换开关的检测1
- 79页-万能转换开关的检测2
- 80页-行程开关的检测
- 121页-多开关控制电路
- 123页-带开关插座安装
- 126页-单联插座的安装
- 126页-多联插座的安装
- 128页-光控感应开关应用

- 128页-声光控开关应用
- 129页-延时照明电路
- 130页-触摸延时照明电路
- 130页-时控开关照明电路
- 133页-交流LED灯电路
- 139页-家居布线与检修
- 141页-暗配电箱配电
- 141页-室外配电箱安装
- 145页-单芯导线分线打结接法
- 145页-铜硬导线单股对接
- 146页-单芯导线大截面分线接法
- 146页-单芯导线大截面直线连接
- 147页-单芯导线十字分支接线1
- 147页-单芯导线十字分支接线2
- 147页-小截面分线连接
- 156页-线管布线
- 158页-暗配电箱配电
- 164页-2.5mm以上多根单股线并头
- 164页-并接头接线方法
- 164页-穿线技巧
- 164页-单芯导线大截面分线接法
- 164页-单芯导线大截面直线连接
- 164页-单芯导线分线打结连接
- 164页-单芯导线十字分支接线 2
- 164页-单芯导线十字分支接线1
- 164页-单芯铜硬导线与多股线分支连接
- 164页-对接接点包扎法
- 164页-多股导线分线连接
- 164页-多股铜导线的并接
- 164页-多股压接圈接线方法
- 164页-分支接点包扎方法
- 164页-接线耳包扎方法
- 164页-接线盒内线连
- 164页-软线压接圈做法

- 164页-软线与平压柱连接
- 164页-双芯线对接方法
- 164页-铜硬导线单股对接
- 164页-铜硬导线多股对接
- 164页-铜硬导线多股线分支连接
- 164页-头攻头在针孔上接线
- 164页-小截面分线连接
- 164页-直线连接1式
- 173页-自耦变压器的原理与检修
- 176页-电焊机的维修
- 186页-步进电机的检测
- 186页-伺服电机拆装与测量技术
- 186页-伺服电机与编码器测量
- 186页-单相电动机检修
- 186页--单相电动机接线
- 186页-单相电动机绕组判断
- 186页-三相电动机检修
- 186页-三相无刷电机的绝缘和绕组制备
- 186页-直流无刷电机的拆卸
- 186页-直流无刷电机的接线
- 186页-直流无刷电机的组装
- 188页-三相电动机点动控制电路
- 189页-电动机自锁控制与故障排查
- 194页-自耦变压器降压启动电路
- 196页-三个接触器控制的星-角启动电路
- 198页-电动机正反转点动控制电路
- 201页-电容运行式单相电机正反转电路
- 205页-压力控制气泵电路
- 附录一电工作业证考试精选试题与答案解析
- 附录二电工作业操作证复审精选试题与答案解析
- 附录三电工职业资格证精选试题与答案解析

参考文献

[1] 金代中 . 图解维修电工操作技能 . 北京 : 中国标准出版社，2002.

[2] 郑凤翼，杨洪升，等 . 怎样看电气控制电路图 . 北京 : 人民邮电出版社，2003.

[3] 刘光源 . 实用维修电工手册 . 上海 : 上海科学技术出版社，2004.

[4] 王兰君，张景皓 . 看图学电工技能 . 北京 : 人民邮电出版社，2004.

[5] 徐第，等 . 安装电工基本技术 . 北京 : 金盾出版社，2001.

[6] 蒋新华 . 维修电工 . 沈阳 : 辽宁科学技术出版社，2000.

[7] 曹振华 . 实用电工技术基础教程 . 北京 : 国防工业出版社，2008.

[8] 曹祥 . 工业维修电工 . 北京 : 中国电力出版社，2008.

[9] 孙华山，等 . 电工作业 . 北京 : 中国三峡出版社，2005.

[10] 曹祥 . 智能建筑弱电工 . 北京 : 中国电力出版社，2008.

[11] 白公，苏秀龙 . 电工入门 . 北京 : 机械工业出版社，2005.

[12] 王勇 . 家装预算我知道 . 北京 : 机械工业出版社，2008.

[13] 张伯龙 . 从零开始学低压电工技术 . 北京 : 国防工业出版社，2010.

[14] 孙华山，等 . 电工作业 . 北京 : 中国三峡出版社，2005.

[15] 曹祥 . 智能楼宇弱电工通用培训教材 . 北京 : 中国电力出版社，2008.

[16] 教富智 . 电工计算 100 例 . 北京 : 化学工业出版社，2007.

[17] 周希章 . 实用电工手册 . 北京 : 金盾出版社，2010.